KB196655

커피의
즐거움

커피의 즐거움

초판 1쇄 발행 2024년 11월 30일

지은이 김남순 · 최낙언
펴낸이 이기봉
편집 좋은땅 편집팀
펴낸곳 도서출판 좋은땅
주소 서울특별시 마포구 양화로12길 26 지월드빌딩 (서교동 395-7)
전화 02)374-8616~7
팩스 02)374-8614
이메일 gworldbook@naver.com
홈페이지 www.g-world.co.kr

ISBN 979-11-388-3747-7 (03590)

커피의
즐거움
김남순 · 최낙언 지음
CAFE
The pleasure of coffee
좋은땅

Prolog

커피의 즐거움을 찾아 떠나는 여행

내게 커피는 그저 수많은 음료 중 하나일 뿐이었다. 그런데 어쩌다 카페를 운영하게 되었고, 그 경험을 바탕으로 이처럼 커피 관련 책까지 쓰게 되었다. 카페를 운영하기 전까지 나는 주로 강사로 활동했다. 대학 시절부터 지인의 소개로 시작한 강의는 수업의 호응도 좋고 적성에도 잘 맞아 점점 더 몰입하게 되었다. 그러다 보니 일주일 내내 강의로 밥 먹을 시간도 부족할 만큼 바쁜 날들이 이어졌다. 그래도 그때는 전혀 힘들지 않았다. 좋아하는 여행이 있었기 때문이다.

강의 시즌이 끝날 때마다 가족들과 세계 곳곳을 다녔다. 그러면서 커피의 역사와 문화가 담긴 곳도 정말 많이 방문했었다. 커피의 탄생지와 재배지, 그리고 이름만 들어도 알 만한 유명 카페들을 다녔지만, 그때는 커피를 몰랐다. 당시에 커피를 더 잘 알았더라면 여행의 재미가 배가 되고, 커피 한 잔에 담긴 문화와 역사도 더욱 깊이 음미할 수 있었을 텐데 하는 아쉬움이 남는다. 냄새는 추억을 불러일으키는 능력이 강력하다는데, 만약 그때 커피의 향에 집중했다면 당시의 행복한 기억을 지금도 더 많이 떠올릴 수 있었을 것이다.

2012년에는 가족과 함께 몇 년간 해외로 이주하게 되었고, 이를 계기로 모든 강의를 일단 정리하게 되었다. 해외 생활을 마치고 한국에 돌아오니 많은 것이 바뀌어 있었다. 강사 생활을 다시 이어 가려 했지만 코로나로 강의 무대가 사라진 것이다. 그러던 중 우연한 기회로 카페를 오픈하게 되었다. 지금도 '커피가 좋으면 사 마시면 되지 왜 카페를 열게 되었을까?' 라는 생각을 하곤 한다. 그러나 커피를 다루고 공부하면서 커피는 콜라나 주스처럼 단순한 음료가 아니라, 복합적이고 다채로운 향미를 지닌 정말 매력적인 음료라는 사실을 너무 잘 느낄 수 있었다. 커피에 대한 취향과 생각도 확고해져, 요즘은 내가 원하는 맛이 아니면 마시지 않게 되었다. 내게 커피는 단지 음료의 하나가 아니게 된 것이다.

커피는 세계 어디에서나 즐길 수 있고, 커피를 추출하는 방법도 나라마다 가지각색이다. 커피 한 잔은 업무의 활력소가 되기도 하고, 사회적 윤활유가 되기도 한다. 필수품이 되기도 하고, 사치가 되기도 한다. 커피를 마시는 것은 인간만이 할 수 있는 고도의 문화 활동이다. 커피는 처음부터 좋아하기 힘든 쓴맛을 가지고 있다. 여러 커피를 음미하며 마시다 보면 쓴맛 뒤에 감추어진 신맛과 단맛, 그 다채로운 맛의 향연을 느끼게 되고 점점 빠져들게 된다. 만약 커피가 단순히 달거나 쓰기만 했다면 지금처럼 전 세계 사람들이 매일 찾는 음료가 되진 않았을 것이다.

또한 커피는 지금까지 문화와 예술에 여러 가지 영감을 주었다. 카페는 자유롭고 활기찬 대화의 장소가 되기도 하고, 따뜻한 커피 한 잔을 여유롭게 마실 수 있는 안락한 장소가 되기도 한다. 커피는 이제 전 세계인들에게 필수적인 음료로 여겨지며, 다양한 경험과 기억을 함께 만들어 나가는 특별한 존재이다.

이 책은 커피를 직업으로 삼으려는 사람을 위한 책은 아니다. 커피를 시작한 지 오래되지 않았지만, 커피에 매력을 느끼고 자신의 취향에 맞는 커피를 즐기고자 하는 사람을 위한 책이다. 그래서 이 책에서는 커피를 다음과 같이 두 가지 파트로 나누어 설명하고자 한다.

Part Ⅰ. 나만의 커피를 찾아가는 즐거움, 브루잉을 통해 커피를 추출하고 내가 좋아하는 커피를 찾는 방법에 대해서이다.

Part Ⅱ. 커피를 알아 가는 즐거움, 커피를 처음 접하는 사람들이 커피에 대해 알아야 하는 기본적인 정보들에 대해서이다.

이 책을 통해 나와 함께 커피의 즐거움을 알아 가는 여행을 떠났으면 좋겠다.

커피를 공부하는 과정에서 만난 최낙언 교수님은 내게 큰 영향을 주셨다. 문과 출신인 나에게 교수님의 수업은 마치 이해하기 어려운 수수께끼와 같았지만, 교수님은 식품 공학의 복잡한 세계를 차근차근 풀어 가며 커피의 과학적 면모를 탐구하는 방법을 알려 주셨다. 덕분에 커피는 단순한 음료를 넘어 맛과 향을 깊이 탐구할 수 있는 대상이 되었다.

이러한 경험을 바탕으로 나는 커피에 대한 이해를 책으로 정리하고자 했다. 책을 쓰는 과정은 단순히 '커피를 아는 것'을 넘어, 커피를 깊이 있게 공부하는 의미 있는 시간이었다.

책을 준비하는 과정에서 그림도 직접 그려 넣고 싶었다. 평소 수채화를 좋아해 책을 수채화로 채우려 했으나, 전체적으로 어울리지 않는 부분이 많았다. 그래서 최종적으로 생성형 AI를 통해 그림을 그려 보았고, 이것이 2024년에 출간될 책에 어울리는 제작 방식이라 생각했다. 나의 이러한 시행착오들이 커피를 새롭게 공부하는 이들에게 작은 도움이 되기를 바라며, 마지막으로 책을 쓰는 과정을 함께해 주신 최낙언 교수님께 깊은 감사의 마음을 전한다.

2024년 8월 김남순

목차

PART Ⅰ

나만의 커피를 찾아가는 즐거움

1.

커피의 매력은 무엇일까?

커피는 어떻게 세상에서 가장 사랑받는 음료가 되었을까?

커피는 사람의 유전자와 밀접한 관계가 있지 않을까? 온갖 시인, 예술가들이 극찬하는 향, 한마디로 고도의 미학적인 아름다움.

'일단, 커피부터 마시고 하자.' 이제 하루 한두 잔의 커피는 현대인들에게 일상이 되었다. 기름진 음식을 먹지 않아도, 식사 후 커피 한 잔 마시는 것은 이젠 우리에게 너무나 익숙한 문화이다. 하지만 커피는 18세기 이전에는 아프리카의 음지에서 자라던 나무의 작은 열매에 불과했다. 그런데 21세기 현재, 우리나라에만 10만 개의 카페가 있다. 도시뿐 아니라 논밭이 있는 시골도 경치와 접근성만 좋으면 여지없이 대형 카페가 있을 정도다.

커피가 이처럼 현대인의 일상적인 음료가 된 것은 여러 이유가 있을 것이다. 먼저 바쁜 현대 생활이다. 현대인은 다양한 활동을 하면서 계속 집중력을 유지해야 할 때가 많다. 집중력이 떨어지거나 에너지가 부족하다고 느낄 때 커피를 마시면서 카페인을 통해 일시적으로 피로를 해소한다. 사회적인 이유로도 커피를 마신다. 커피는 사람들을 연결하는 요소로 작용하여 각종 모임, 회의, 미팅 등의 다양한 만남에 커피는 소통의 윤활유 역할을 한다. 커피는 이런 여러 역할 덕분에 점점 다양한 장면에 어울리는 음료가 되었고, 커피 문화는 세계적으로 퍼져 나갔고 SNS를 통해 자신이 방문한 카페의 분위기와 커피 맛을 사진이나 동영상으로 기록해 공유한다. 이런 커피 문화와 함께 카페는 더욱 많아지고 다양해졌다.

그러면서 최근에는 '홈카페'를 차릴 정도로 커피에 깊은 흥미를 느끼는 사람들이 늘어나고 있다. 가정에 커피 장비를 갖추고, 카페처럼 커피를 직접 만들어 즐기는 것이다. 다양한 원두를 경험하고, 여러 재료를 조합해 다양한 커피 베리에이션 음료를 만들고, 자신의 레시피를 공유하기도 한다. 그 과정에 원두 품질, 맛에 관한 관심과 함께 고급 원두의 소비도 증가하고 있다. 이처럼 커피는 이제 단순히 음료의 범주를 넘어서서, 우리의 삶 속에서 즐거움을 제공하는 필수 요소 중 하나로 자리 잡게 되었다.

- 영국 시장조사업체 유로모니터에 따르면 2018년 기준 한국인 1인당 커피 소비량은 353잔으로 세계 평균 1인당 132잔의 2.7배를 마셨다. 2020년 자료에 의하면 한국인 1인당 커피 소비량은 367잔이다.
- 인구 100만 명당 커피전문점 수 역시 한국이 1,384개로, 일본(529개)이나 영국(386개), 미국(185개)보다 압도적으로 많다. 커피가 일상이 됐음을 보여 주는 사례다.
- 선호하는 커피 맛은 고소한 맛 56.1%, 탄 맛 14.5%, 신맛 13.6% 순으로 조사됐다.
- 2022년 농촌경제연구원 조사에 따르면 한국인이 가장 좋아하는 음료로는 커피 28.1%, 100% 과일주스 19.9%, 흰 우유 11.1%, 탄산음료 6.7%, 녹차 4.2%였다.
- 코로나19로 인한 장기 불황 속에서도 커피는 대세를 이어 갔다. 불황 기간 사람들의 외부 활동이 감소하고 집에서 보내는 시간이 늘었기 때문이다.
- 커피는 점점 대용량화하고 있다. 대용량 커피는 한 번에 많은 양이 제공되며, 비교적 저렴하게 살 수 있기에 소비자들이 경제적인 부담 없이 커피를 즐길 수 있다. 가격의 이점이 불황 기간에 놓인 소비자에게 더욱 매력적으로 다가왔다.

커피의 향은 강렬하고 매혹적이다

카페의 문을 열고 들어서는 순간, 짙고 풍부한 커피 향이 카페 안을 가득 채운다. 이 향기를 싫어하는 사람은 드물다. 커피를 좋아하든 그렇지 않든 대부분 사람을 매혹한다. 커피의 아로마는 커피의 매력을 설명할 때 빼놓을 수 없는 중요한 요소이며, 그 향기만으로도 많은 이들의 기분을 바꾸고, 감성을 자극하는 힘이 있다. 커피의 향이 없이 그 매력을 설명하는 것은 '고대 천문학자에게 별 없는 밤하늘을 설명하라는 것'만큼 어려운 일일 것이다.

어느 날 갑자기 코로나19로 후각이 마비된 사람은 매일 즐겨 마시던 커피가 갑작스럽게 너무 쓰게만 느껴져서 놀랐다고 한다. 코로 느끼던 커피의 여러 플레이버가 사라져 버리자 혀로 느끼는 쓴맛만 두드러진 것이다. 사람들이 흔히 커피가 맛있다고 할 때 '단맛이 좋다'라는 표현을 자주 한다. 그러나 커피 한 잔에서 들어 있는 커피 성분은 1.2% 정도에 불과하며, 그것의 절반도 맛에 영향을 주지 않는 섬유소 성분이다. 카페인 등 여러 성분을 빼면 단맛을 느낄 만한 성분이 존재하기 힘든 것이다. 결국 커피의 단맛은 코로 느끼는 향기 물질의 달콤함에서 유래한 것이라 후각이 마비되면 그런 달콤함을 느낄 수 없어서 쓴맛만 느끼게 되는 것이다. 생두를 로스팅할 때 만들어지는 고소하면서 달콤한 향기 물질들이 커피의 결정적인 매력을 추가하는 것이다.

커피는 불로 가열할 때 만들어지는 향의 결정판이라 할 수 있다. 인류의 선조가 불을 발견하고 이용한 요리가 강력한 생존 도구였던 시절로 거슬러 올라가 보자. 당시에는 별다른 조리 도구 없이 고기를 바비큐 방식으로 굽는 것이 유일한 요리법이었을 것이다. 이 방식은 병원성 세균을 죽이고 소화율을 높이기 때문에 당연히 맛있게 느껴질 수밖에 없었다. 그 시절의 사람들은 고기를 구울 때 나는 고소한 냄새를 멀리서도 얼마나 잘 맡을 수 있는지가 생존에 중요했을 것이다. 과거에는 호떡, 붕어빵, 군밤, 군고구마, 군오징어 같은 구운 음식이 절대적 인기였다. 식후에는 구수한 누룽지나 숭늉이 절대적인 매력을 자랑했고, 깨를 볶아 만든 참기름은 요리의 치트키와 같이 사용되었다.

커피의 향도 가열로 만들어진다. 식품 중에서 가장 높은 온도까지 로스팅한다. 불로 가열하여 만들어지는 음식은 정말 다양하지만, 그중에서 커피는 생두의 속까지를 가장 높은 온도까지 가열하는 로스팅 향의 끝판왕이라고 할 수 있다.

커피의 설화에 공통으로 등장하는 카페인

커피가 현대 문화의 상징적 존재가 된 것에는 카페인의 역할도 큰 몫을 한다. 카페인은 단순한 화학 물질이 아니라, 커피의 역사적인 발견과 그 가치를 재정의한 마법 같은 존재이다. 사람들은 커피를 선택하는 이유로 커피 특유의 맛과 향을 가장 많이 꼽지만, 커피가 주는 피로 해소와 활력 증진 기능도 뺄 수가 없다. 카페인은 뇌에서 '피로'한 정도를 감각하기 위해 만든 아데노신 수용체에 결합한다. 아데노신의 농도가 높으면 많은 에너지를 사용한 상태라 회복을 위해 쉬도록 만들기 위해 만든 신호체계인데, 카페인이 아데노신의 결합 자리만 대신 차지한다. 그 결과 피로 정도에 맞는 신호가 만들어지지 않아 우리는 피곤함을 느끼지 못하는 각성 상태가 된다. 우리가 커피를 선호하는 이유는 이 특별한 분자가 제공하는 독특한 생리학적 기능이 큰 역할을 하는 것이다. 이렇게 커피는 우리의 신체와 정신 상태에 깊숙이 관여하여 우리의 삶을 활력 있게 만드는 요소로 자리 잡고 있다.

카페인의 역할은 커피의 기원에 관한 설화에서도 찾아볼 수 있다. 가장 유명한 이야기는 9세기 에티오피아에서 시작된다. 염소를 돌보는 칼디는 커피 열매를 먹은 염소들이 활기를 띠는 것을 발견하고, 자신도 그 열매를 먹어 보았다. 그 놀라운 결과는 수도원에 알려졌다. 수도원에서는 이 열매를 이용하여 기나긴 밤의 기도 동안 잠을 쫓는 수단으로 사용했다. 이렇게 초기의 커피는 각성 효과로 그 존재감을 드러냈고, 그로 인해 신성한 음료로 여겨졌다.

커피의 기원에 관해서는 다른 여러 설화가 있는데, 의사이자 승려인 모카 출신의 셰이크 오마르(Omar)가 1258년 아라비아에서 커피를 발견했다는 이야기도 있다. 그는 오우삽산(Mt. Ousab)으로 추방된 상태였는데, 굶주림에 허덕이다가 커피 열매를 발견했지만, 너무 단단하고 맛이 써서 바로 먹을 수 없었고, 조금이라도 부드럽게 만들기 위해 물에 익혔다. 그렇게 만들어진 갈색 수프를 마시자 생기와 활력이 돌고, 그의 정신도 다시 일깨워 주었다고 했다.

이처럼 커피가 음료의 특별한 위치를 차지하기 시작한 것에는 카페인의 역할이 컸다. 하지만 지금은 카페인 때문에 힘들어하는 사람이 늘고 있다. 과거에 커피는 어쩌다 한 번 먹은 음료였는데, 지금은 하루에도 몇 잔씩 마신다. 그래서 카페인이 부담스러워지고, 이를 제거한 디카페인 커피의 요구는 꾸준히 늘고 있다. 문제는 맛이다. 맛은 그대로이면서 카페인만 없는 커피를 바라지만 카페인을 제거하는 과정에서 성분과 생두 조직에 손상이 발생하여 맛이 떨어진다. 맛이 없다는 인식으로 좋은 원두를 사용하기 힘들어 맛은 더 떨어지기 쉬웠다. 요즘은 맛만 있다면 더 큰 비용도 지불하겠다는 소비자가 늘어 디카페인도 고급 원두를 사용하고, 기술도 발전하여 맛의 차이가 많이 줄어들었다.

스타벅스의 경우도 2018년에 600만 잔이 판매되었던 것이 2022년에는 무려 2,500만 잔으로 4배 이상 증가했다. 커피의 시장이 늘어나고 그만큼 디카페인 커피 시장도 늘어나고 있다.

커피는 호사스럽다고 말하기에 충분히 영롱하다

우리가 일상에서 쉽게 마시는 커피 한 잔에는 보이지 않는 복잡한 내면 세계가 숨어 있다. 가공된 원두의 외형은 단순하지만, 실제로 커피 한 잔이 완성되기까지는 재배부터 수확, 프로세싱, 유통, 로스팅, 그리고 추출에 이르기까지 큰 노력과 정성이 들어 있다. 우리는 이 모든 과정을 직접 보지 못하므로 잘 인지하지 못할 뿐이다.

아메리카노 한 잔에 20g의 원두를 사용하면 거기에서 커피로 추출되는 성분은 겨우 4g이다. 원두 성분의 30%가 물로 추출할 수 있는 성분인데 20%만 추출하는 것이다. 나머지 16g은 커피박 형태로 버려진다. 이것만 봐도 호사스러운데 커피나무에 매달린 과일(체리)로 환산해 보면 정말 호사스럽다는 것을 알 수 있다. 원두 20g에 포함된 커피 빈의 숫자는 대략 140개 정도이다. 커피 체리에서 보통 두 개의 씨앗이 있으므로 커피 체리는 70개가 필요하고 이것을 무게로 환산하면 대략 120g이다. 우리는 애써 수확한 120g의 커피 체리에서 4g만 추출해 마시고 나머지 116g은 버리는 셈이다. 이것은 수확부터 최종완성까지 손실이나 선별과정에서 버려지는 양을 제외한 것이다. 이들을 모두 고려하면 우리는 결국 커피나무에 달린 커피 과일(체리)에서 3% 이하의 성분만 추출해 마시는 셈이다.

커피의 재배에서 추출의 전 과정이 끝없는 선별의 과정이다. 잘 익은 과일만 선별하여 수확하고, 프로세싱 과정에서 잘못된 것을 걸러 내고, 결점두를 걸러 내고, 로스팅 후에도 또 잘못된 것을 걸러 낸다. 제대로 된 원두만 골라내는 것이 로스팅이나 추출의 기술보다 중요하다.

이렇게 고르고 또 골라 얻은 커피 원두에서 물에 녹는 것은 30% 정도이지만, 좋은 맛을 위해 18~22%만을 추출한다. 그래야 정말 좋은 맛을 얻을 수 있기 때문이다. 이처럼 커피 한 잔에는 생각보다 많은 정성과 이야기와 과학, 그리고 예술이 담겨 있는 것이다.

커피체리
70개, 120g
생두
140개
원두
140개, 20g
분쇄 커피
20g
가용성 성분
30%, 6g
불용성
70%
14g
10%
2g
20%
4g
커피 퍽
80%
16g
4g
4g/330g
= 1.2%

외신도 주목하는 한국인의 '아아' 사랑

아이스 아메리카노(이하 '아아')의 인기는 한국에서 단순한 트렌드를 넘어서 문화적 현상으로 자리 잡았다. 매서운 한파에도 불구하고 얼음이 담긴 커피를 손에 든 사람은 이제 우리에게 익숙한 광경이 되었다. 한국 스타벅스는 '아아'가 연간 판매량 1위로 전체 판매 비중의 60% 이상을 차지한다고 한다. 영하 10도가 넘는 추위에도 '아아' 주문은 꾸준하다. 당분간 '아아'는 가장 인기 있는 커피 메뉴일 것이다. 이러한 모습은 외국인들에게도 매우 흥미로운 사례가 되어 외신에서는 한국인의 '아아' 사랑을 독특한 문화 현상으로 다루기도 한다. '아아'라는 메뉴는 우리나라에서 처음 만들어진 것은 아니지만, 유럽 등에도 영향을 줄 정도로 문화적 현상으로 확산되는 데에는 분명 우리나라가 큰 역할을 하고 있다.

한국인이 이처럼 '아아'를 유난히 선호하는 이유는 무엇일까? '아아'에는 얼음 + 커피추출액만 있고, 설탕이나 우유는 없다. '아아'는 덥고 습한 여름철에 시원하게 즐길 수 있는 장점이 그 출발이었을 것이다. 시원하게 바로 마실 수 있어서 한국인의 간편함을 좋아하는 습성과 잘 어울린다.

'아아'는 카페의 다양한 메뉴 중에서 가장 쉽고 직관적인 것도 도움이 된다. 다양한 카페 메뉴는 뷔페에서의 선택장애처럼 고민의 요소이기도 한데, '아아'는 너무나 직관적인 메뉴이고 최소한의 기본 맛은 제공해 줄 것이라는 믿음도 준다. 새롭거나 낯선 메뉴를 시도하기 전에 안전한 선택으로 '아아' 만한 것도 없다.

'아아'는 한국인의 향에 대한 취향과도 잘 맞는다. 우리나라는 국물 음식과 발효 음식이 발달했는데 국물은 오랫동안 끓여서 만든 것이다. 그만큼 첫 느낌을 주는 탑노트(Top note)는 휘발되어 사라지고 국물 속에 배어 있는 미묘한 향과 결합한 감칠맛을 즐기는 문화인 것이다. 그래서인지 우리나라 사람은 음료의 향을 코로 즐기는 경우가 덜하다. 와인이나 위스키를 마실 때도 냄새를 들숨(코로 숨을 들이켜)으로 먼저 확인하려 하지 않고 마시면서 날숨(입안에서 휘발된 냄새 물질이 목 뒤쪽의 통로로 코로 넘어감)의 향에 집중한다. 그래서인지 우리나라는 유난히 향이 없는 소주와 맥주가 많이 팔린다.

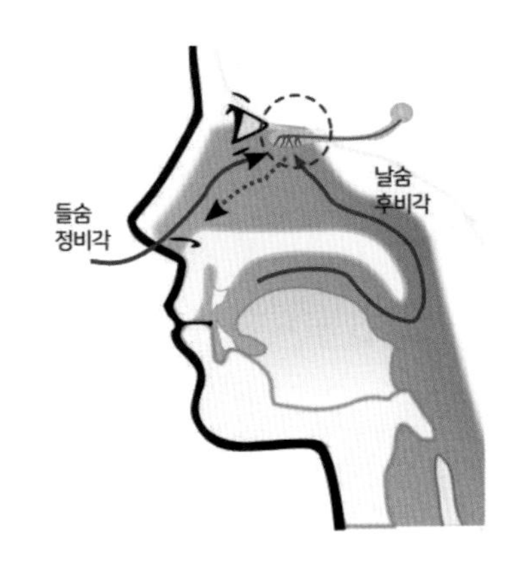

음식의 향을 맡을 때와 실제로 먹을 때의 향이 다를 수 있다. 사람은 다른 동물보다 들숨보다 날숨의 향에 민감하다고 한다. 동물은 들숨을 통해 냄새를 탐색하는 기능이 발달했지만, 인간은 날숨, 즉 음식을 먹을 때 목 뒤쪽 통로로 휘발하면서 코로 느껴지는 냄새로 음식의 품질을 판단하는 능력이 발전했다. 그리고 한국인이 특히 그런 편이다. 장류나 젓갈 같은 단백질을 발효한 음식은 특유의 강렬한 냄새가 있다. 그 냄새는

싫지만, 맛은 매력적인 경우도 많다. 이런 음식을 코로 맡은 냄새로만 판단하여 포기하는 것은 바보 같은 짓인 셈이다. 이런 발효 음식과 국물 문화 때문인지 한국인은 음식이 겉으로 드러나는 냄새보다는 입안에 넣고 씹고 삼킬 때 날숨을 통해 느끼는 향의 영향에 유난히 예민하다. 서양인은 코로 냄새를 즐기는 향수의 문화가 일찍부터 발달했지만, 한국인은 맛과 완전히 일체화되어 그것이 도대체 맛인지 향인지 구분되지 않는 향을 좋아한다. 이런 특성은 커피에도 드러나는데 한국인은 커피도 분말 상태로 냄새를 맡는 향(Fragrance)이나 추출물의 향(Aroma)보다는 커피를 직접 마시면서 입과 코로 동시에 느껴지는 향(Flavor)에 분별력이 뛰어나다.

이것이 '아아'가 유난히 인기인 이유도 설명하는 것 같다. 코로 맡는 향이 중요하면 차가운 것보다는 냄새의 휘발이 좋은 따뜻한 커피가 인기일 텐데, 한국인은 날숨의 향에만 관심이 있어서 마시면서 향을 느끼는 '아아'가 만족스러운 것이다.

그리고 '아아'는 우유를 넣지 않고 물과 에스프레소만 사용한다. 우유를 넣으면 쓴맛은 줄고 고소함은 늘어나겠지만 유당이 소화가 안 돼서 불편한 사람도 있고, 산미와 적당한 쓴맛을 가진 원두 자체의 맛을 선호하는 사람에게는 불편할 수 있다.

처음 '아아'가 등장했을 때는 설탕이나 시럽을 첨가해서 마시는 경우도 흔했다. 이제는 카페 한켠에 펌핑 시럽이 놓여 있던 모습이나 스틱형 설탕을 요구하는 경우는 거의 없어졌다. 이는 건강에 관한 관심으로 설탕 섭취를 줄이려는 이유도 있겠지만 커피 본연의 맛을 점점 더 좋아하는 영향이 큰 것 같다. 한마디로 '아아'에 설탕을 넣으면 맛이 없어진다는 것이다.

왜 점점 아이스 아메리카노에 설탕을 넣지 않을까?

커피의 맛을 평가할 때 맛있는 커피를 표현할 때 가장 자주 등장하는 단어가 '단맛(Sweetness)이 좋다'는 말이다. 그렇다면 단맛이 부족해 맛이 떨어지는 커피에 설탕을 추가하면 단맛이 좋아져서 훨씬 맛있는 커피가 될까?

결론부터 말하면 '아니다'. 감미료의 대명사는 설탕이다. 전체 감미료 시장의 80%를 차지할 정도이고 연간 1인당 사용량이 쌀 소비량의 절반인 30kg 정도나 될 정도로 여기저기 온갖 음식에 사용된다. 아무리 설탕이 몸에 나쁘다고 해도 설탕 사용이 그렇게 많은 이유는 마법처럼 맛이 좋아지는 경우가 많기 때문이다. 막걸리에 아스파탐을 첨가하는 것은 더 달게 만들려는 것이 아니라 약했던 향이 확 살아나기 때문이다.

그런데 왜 '아아'에 설탕을 넣는 경우가 점점 드물어질까? 맛에서 이만큼 미스터리한 일도 드물 것이다.

"한마디로 설탕의 역설인 것이다. 설탕은 힘이 강하고, 강함이 '아아'의 매력을 단순화해 버린다."

'아아'에 설탕을 넣으면, 커피 특유의 자연스러운 단맛과는 확연히 다르다. 커피 맛을 균형 있게 잡아 주는 단맛이 아닌, 인위적이고 맛이 따로 논다는 느낌을 지우기가 어렵다. 그래서 '아아'에 설탕을 넣는 것이 밥에 설탕을 넣는 것만큼 어색하게 느끼는 사람이 많다. 그리고 맛의 섬세함도 사라지기 쉽다. 커피의 매력은 쓴맛을 바탕으로 신맛과 다채로운 향기 물질들이 경합하여 먹을 때마다 느낌이 미묘하게 달라지는, 쉽게 판단하기 힘든 다층적 구조에 있는데, 여기에 힘이 센 설탕을 투입되면 뇌는 '이것은 먹을 만하군' 하고 쉽게 판단하고 관심과 흥미를 잃어버린다. 그냥 단맛의 음료 중의 하나가 되어 버리는 것이다.

쓴맛과 함께 어른이 되어 간다

어린이에게 커피를 건네면, 그들은 마시지 않거나 한 모금만 마셔도 얼굴을 찡그리며 이내 손사래를 칠 것이다. 하지만 어른이 된 우리는 쓰디쓴 커피를 마시며 쓴맛에 취하는 법을 안다. 심지어 그 쓴맛을 즐겨 마시고, 그 속에서 즐거움을 찾는다. 세월이 만든 어른의 맛인 것이다.

"인생의 묘미를 알게 해 주는 커피, 쓴맛을 알고 나면 단맛이 더 깊어진다."

쓴맛은 오미 중에서도 특별한 위치를 차지한다. 단맛, 짠맛, 감칠맛은 우리 몸에 필요한 칼로리나 미네랄과 같은 영양분이 존재한다는 신호로 판단해 주기적으로 추구하는 맛이지만, 쓴맛은 원래 독이 있을 수 있는 위험성을 알리는 신호로 기피하는 맛이다.

우리의 혀는 다섯 가지 맛을 느끼는데, 쓴맛을 제외한 나머지 맛은 1가지 수용체로 느끼는데, 쓴맛만큼은 그 수용체의 종류가 무려 25종에 이른다. 다른 네 가지 맛을 합친 것보다 다섯 배나 많은 수용체다. 25종이 그리 많다고 여기지 않을지 모르지만, 시각은 고작 3가지 수용체, 촉각도 4

가지 수용체로 작용한다는 측면에서는 매우 많은 종류이다. 이렇게 수용체가 많은 것은 자연 세계에서 피해야 할 독의 종류가 많기 때문일 것이다. 더구나 이 쓴맛 수용체들은 매우 민감하여 아주 적은 양의 쓴맛도 감지할 수 있다. 단맛 물질은 10% 정도 되어야 적당하다고 느낄 정도로 둔감한 데 비해 쓴맛 물질은 0.1%보다 훨씬 적은 양에도 먹기를 거부할 정도로 예민하다.

커피 열매의 과육은 달콤하다고 하지만, 우리는 과육에는 관심이 없고 다른 어떤 동물도 탐하지 않는 딱딱한 속씨에만 관심이 있다. 생두를 로스팅하는 과정에서 다양한 화학 반응이 일어나고 쓴맛 물질도 만들어진다. 따라서 커피는 처음에는 그 쓴맛 때문에 매력적으로 느껴지지 않을 수 있다. 그러나 나이가 들면서 쓴맛에 점점 둔감해지고, 커피의 맛도 점점 맛있게 느껴지기 시작한다. 맛의 최종 판단은 뇌에서 이루어진다. 커피를 마실수록 뇌는 점차 그것이 독이 아님을 확신하게 되고, 카페인이 주는 효능 덕분에 뇌는 커피를 좋아하게 된다.

2.
어쩌다 스페셜티 커피가 등장하게 되었나

할머니가 정말 좋아하셨던 인스턴트커피

인스턴트커피를 떠올리면 할머니의 모습이 어렴풋이 떠오른다. 할머니는 식사가 끝나면 항상 밥그릇에 설탕과 프리마를 섞은 인스턴트커피를 부어 숟가락으로 휘적휘적 저어 드셨다. 할머니가 행복한 얼굴로 그 커피를 마시는 모습을 보며 '얼마나 맛있기에 그러실까' 싶어 한 모금 마셔 본 적이 있다. 최악이었다. 어린 나는 곧 손사래를 치며 도망갔다. 그런데 지금은 가끔, 할머니 곁에서 맛봤고 인상을 찌푸리게 했던 그 커피가 그리워질 때가 있다. 그 커피 속에는 단순히 맛과 향 그 이상의, 할머니와 나 사이의 서사가 함께 녹아 있다.

어른이 된 나는 어느새 할머니가 마셨던 커피를 마시고 있고, 그 커피는 인스턴트커피에서 '원두커피'로 바뀌었다. 그렇다. 지금은 '원두커피' 시대다. 시대가 바뀌면서 트렌드도 바뀐 것이다. 이러한 트렌드의 변화를 이해하려면 한국 커피의 진화 과정을 살짝 살펴볼 필요가 있다. 과거에는 뜨거운 물에 간편하게 타 마실 수 있는 인스턴트커피가 많은 이들에게 사랑받았다. 가격도 저렴하고 준비도 편했다.

그런데 왜 인스턴트에서 원두커피로 바뀌었을까? 인스턴트커피를 만드는 원리는 원두커피와 크게 다르지 않다. 둘 다 생두를 적절히 로스팅하고 분쇄하여 추출한다. 인스턴트커피 또한 좋은 설비를 사용하여 향의 보존에 신경 쓰며, 추출액을 농축하고 동결 건조하는 기술을 통해 향을 유지하려 노력한다.

문제는 시간이 지남에 따라 향미가 손실되는 것을 완전히 막을 수는 없다는 것이다. 가열로 만들어지는 향은 과일의 향이나 발효의 향에 비해 아주 작은 양으로 작용하는 것이 많아 변화되기 쉽다. 아무리 향미 보존 기술이 발전해도 갓 추출한 원두커피의 향미를 완전히 따라잡을 수는 없고 우리는 그 차이를 느끼게 되었다. 추억은 아름답지만 추억에만 머물지 않고 새로운 추억을 쌓아 가는 것이 인생일 것이다.

스타벅스의 등장으로 많은 것이 바뀌었다

지금의 원두커피 유행에는 스타벅스의 역할을 빼놓을 수 없을 것이다. 스타벅스는 1971년 미국 시애틀에서 작은 로스팅 매장으로 출발했다. 이를 하워드 슐츠가 인수한 후 급속도로 발전하여 세계적인 커피 체인이 되었다. 우리나라에는 1999년에 첫 매장을 개장한 이래 커피 문화를 혁신적으로 변모시켰다. 처음에는 그 가격이 당시에는 상상하기 힘든 비싼 가격이라 논란이 많았는데 점점 원두커피와 카페라는 공간에 대한 대중의 인식을 근본적으로 바꾸어 놓았다.

초기 스타벅스는 커피의 품질보다 '된장녀'라는 신조어가 생겨날 정도로 비싼 가격과 낯선 문화가 화제였다. 점점 고급 커피의 대중화를 이끌며 한국 내에서 커피 소비문화를 근본적으로 변화시켰다. 스타벅스의 성공은 단지 커피에 관한 생각뿐 아니라, 커피를 마시는 장소를 재정의함으로써 가능했다. 매장에서 자유롭게 이용이 가능한 와이파이, 쾌적한 분위기는 사람들이 일상에서 벗어나 휴식을 취하고, 대화를 나누며, 업무를 보는 등 다양한 활동을 할 수 있는 공간이 되었다. 그래서 스타벅스는 단순한 커피 판매점을 넘어, 새로운 문화의 창조자로 자리매김하게 되었다.

스타벅스는 계절마다 새로운 메뉴를 선보이는데 이것은 개인 매장이 따라가기 힘든 메뉴 개발력이다. 그런 개발력 덕분에 어떤 취향의 사람과 같이 가든 선택할 만한 음료 메뉴를 제공한다. 거기에 다양한 멤버십 프로그램을 운영하며 소비자들에게 지속적으로 새로운 경험을 제공하였다.

스타벅스가 원두커피 문화를 대중화하고 카페라는 공간에 대한 개념도 큰 폭으로 바꾼 공로는 확실하다. 사실 시장에서 박리다매가 성공하기 쉽지, 고급 고가 시장의 개척은 쉽지 않다. 다방 커피나 자판기 커피의 맛과 가격에 익숙한 사람에게 처음에는 스타벅스의 아메리카노는 쓰고 너무 비싸기만 한 커피였다. 메뉴 이름 또한 굉장히 생소했고, 셀프서비스 또한 낯설었다. 우여곡절 끝에 스타벅스가 정착하면서 고급 커피를 잔에 담아 들고 다니면서 마시는 테이크아웃 문화를 만드는 등 커피의 장르를 여러 측면에서 풍성하게 만들었다.

스타벅스는 왜 강배전 커피로 시작했을까?

나도 누구 못지않게 스타벅스를 자주 찾지만, 정작 스타벅스 커피의 품질에는 그리 만족하지 않는다. 나뿐 아니라 다른 커피 전문가도 스타벅스의 다른 모든 것은 인정해도 커피 맛만큼은 인정하지 않는 경우가 많다. 커피가 강한 로스팅으로 쓴맛과 고소한 느낌일 뿐 향미는 별로라는 것이다. 하지만 스타벅스를 좋아하는 사람은 커피 맛에 불만이 없다.

스타벅스의 성공은 강배전 커피에서 시작되었다. 하워드 슐츠가 처음 스타벅스에 갔을 때 그 강렬한 커피향에 매료된 것이다. 커피 향은 확실히 매력적이다. 커피를 내릴 때 나는 향이 매장의 분위기를 업(Up)시키기 때문에 나는 아침에 매장을 열 때 일부러 오븐에 커피 빵을 굽고 여러 잔의 커피를 내려 분위기를 내기도 했다.

강배전 커피는 우리나라 소비자가 기대하는 커피와 큰 차이가 없다. 우리나라 사람들이 식후에 전통적으로 마시던 음료가 구수한 숭늉이었다. 녹차도 구수한 현미 녹차가 인기다. 그런 측면에서는 강하게 로스팅한 스타벅스의 커피를 좋아하는 것도 이해가 된다. 더구나 스타벅스는 어느 지점에 가도 맛이 일정하다. 기본 품질은 보장되는 것이다. 다른 커피전문점들도 모든 매장에서 똑같은 맛을 유지하려고 노력하지만, '스타벅스'만큼 일정하게 내기는 힘들다. 모르는 지역에 가서 커피를 마시려고 할 때 모험하기 싫다면 스타벅스가 무난한 답이 될 수 있는 것이다. 사실 모든 지점에서 같은 맛을 유지하는 것은 정말 큰 노력과 고민이 필요하다.

스타벅스처럼 많은 체인점에서 대량으로 사용하는 원두는 수급의 안정성도 갖추어야 하고, 누가 추출해도 일정한 추출 품질을 유지한다. 그리고 다양한 음료 메뉴를 만드는 데도 적합해야 한다. 이런 점을 고려하면 스타벅스가 할 수 있는 선택은 생각보다 제한적일 수밖에 없다.

이런 한계를 너무나 쉽게 벗어날 수 있는 것이 홈카페를 하는 사람이 누릴 수 있는 가장 큰 강점일 것이다. 스타벅스와 같은 고민은 전혀 필요가 없는 것이다. 대중성, 가격, 공급의 안정성 등에 대한 고민은 전혀 필요 없이 오직 자신의 취향에 맞는 생두나 원두를 구하면 된다. 여기에 약간의 커피에 대한 지식과 기술만 익혀도 쉽게 스타벅스보다 만족할 만한 커피를 즐길 수 있는 것이다.

커머셜 커피에서 스페셜티 커피로

최근 카페에서 자주 눈에 띄는 단어가 '스페셜티 커피'이다. 이 용어가 왜 갑자기 이렇게 자주 보이게 된 것일까? 메뉴판을 살펴보면, 스페셜티 커피와 일반 커피의 가격 차이가 분명히 드러난다. 그런데 이런 커피는 가격만큼이나 품질도 확실히 다른 것일까? 아니면 그저 특별한 커피라고 팔면 더 좋고 맛있게 느낄 것이라고 소비자의 심리를 자극하는 것일까?

사람들은 어떤 식품을 좋아하게 되면 그중에 어떤 것이 가장 맛있는 것인지 궁금해진다. 술에 아무 관심이 없는 사람도 "이것이 세계 1등 위스키야!"라고 하면 한 잔쯤은 마셔 보고 싶을 것이다. 마찬가지로 커피도 "이것이 1kg에 천만 원이 넘는다"라고 하면 그 맛이 궁금해질 것이다.

맛은 기호성의 영역이고 사람마다 느끼는 차이가 있어서 어떤 것이 최고라고 하기 정말 힘들다. 그래도 맛있는 커피라는 평가를 받으려면 아래 정도의 조건을 만족시켜야 할 것이다.

1. 풍미와 향: 맛있는 커피는 다양하고 풍부한 향미를 갖추어야 한다. 원두의 생산 지역, 로스팅 수준, 추출 방법에 따라 커피의 특징이 다양하게 나타난다.

2. 균형 잡힌 맛: 맛있는 커피는 산미, 단맛, 쓴맛이 균형 있게 조화를 이루어야 한다. 너무 쓰거나 신 것처럼 균형이 깨지면 맛있다고 느끼기 힘들다.
3. 부드러움과 바디감: 부드러운 텍스처와 적절한 바디감이 커피에 대한 만족감을 높이다.
4. 신선함: 로스팅한 지 시간이 너무 오래된 원두는 맛있기 힘들다. 신선하게 분쇄된 원두를 사용하면 풍부한 향과 맛을 느낄 수 있다.
5. 개인의 취향에 부합: 어떤 사람들은 강렬한 에스프레소를 선호하고, 어떤 사람들은 부드럽고 과일이 향이 나는 핸드드립을 좋아한다. 최종적으로는 각 개인의 취향에 맞아야 한다.

이 정도의 두루뭉술한 표현보다는 80점, 88점, 95점처럼 맛을 구체적으로 점수로 낼 수 있는 기준이 있다면 좋겠지만 쉽지 않다. 전문가끼리 합의한 규정과 절차로 가장 정교하게 평가하여 뽑은 최고의 커피도 모든 사람에게 가장 만족할 만한 커피라는 것을 보장하지 못한다.

그래도 지금 커피는 전문가끼리는 어느 정도 그 결과를 믿고 신뢰할 만한 평가시스템을 가지고 있다는 자체가 정말 대단한 것이다. 이런 평가기준을 마련하려는 노력과 활용이 스페셜티 커피의 발전에 큰 공헌을 하였음을 누구도 부정하지는 못할 것이다.

스페셜티 커피란 무엇일까?

스페셜티 커피의 유행하면서 많은 카페가 스페셜티 커피를 제공한다고 광고한다. 그만큼 제공하는 커피가 정말 스페셜티 커피의 기준에 부합하는지 의문을 가지게 되는 경우도 증가하고 있다. 소비자들이 스페셜티 커피를 주문해 마신다고 그 맛의 차이가 정말 스페셜하다고 느끼기 힘든 경우가 흔하다. 스페셜티 커피의 진정한 의미와 가치부터 이해할 필요가 있다. 스페셜티 커피는 원래 커피의 가격이 폭락하여 커피 재배자가 큰 고통을 받을 때 도움을 주려는 목적에서 출발했다. 좋은 품질의 커피를 고가에 구입하여 생산자에게는 판매 수입에 만족을, 소비자에게는 품질의 만족을 주려는 노력에서 출발한 것이다. 시작은 농가의 보호였고 방법은 더 좋은 품질에 더 좋은 가격을 지불하여 생산자와 소비자 모두가 만족하게 하는 것이었다. 결국 품질이 핵심인데 스페셜티커피협회(이하 SCA)에서 테이스팅을 통해 평가하여 100점 만점에 80점 이상 받은 원두를 스페셜티 커피라고 하였다. 그러면서 커피 시장은 더 커졌고 더 좋은 품질의 원두는 훨씬 더 큰 비용도 기꺼이 지불하는 원두 구매자가 계속 늘고 있다. 농가는 그만큼 고품질 원두를 생산하여 수익을 높이려는 노력도 증가하고 있다. 이런 흐름에 '스페셜티 커피'가 큰 역할을 했다.

스페셜티 커피로 인정받으려면 먼저 생산 이력(traceability)이 명확해야 한다. 그래서 어느 국가의 지역, 어떤 농장에서 커피가 재배되고, 어떻게 가공되었는지 생산 이력을 추적할 수 있어야 한다. 그리고 향미를 체계적이고 엄격하게 평가하여 기준 점수 이상을 받아야 한다. 즉 스페셜티 커피는 플레이버 특성이 우수하고, 검증된 고품질의 커피라고 할 수 있다. 그래서 제품 포장지에는 추적성과 특징을 나타내는 여러 정보가 제공된다.

하지만 어디까지가 스페셜티 커피인지 명확한 구분은 쉽지 않다. 그만큼 '스페셜티 커피란 무엇인가'라는 정의에 대한 고민이 깊어졌다. 그래서 SCA에서는 2021년 백서를 통해 새로운 정의를 제시했다. "스페셜티 커피는 독특한 속성을 인정받은 커피 또는 커피 경험을 말하며, 이런 속성으로 인해 시장에서 상당한 부가가치를 가진다"라는 것이다. 점수가 80점 이상이라는 표현보다 훨씬 이해하기 힘든 표현인데, 원래 시장이 커질수록 구체적으로 구분이 애매해지기 마련이다.

이번 규정에는 3가지 특성이 있다. 1) 품질이 아니라 속성으로 평가한다. 2) 내적 속성뿐만 아니라 외적 속성도 평가한다. 3) 이분법적인 것이 아니라 연속적인 것으로 바라본다.

품질이 아니라 속성으로 평가한다는 의미는 커피를 품질(맛)이 좋은지 나쁜지 평가하면 필연적으로 개인의 선호가 반영될 수밖에 없다. 예를 들어 '산미 있는 커피'는 누군가에게는 큰 만족감을 주고 누군가에는 아주 싫어하는 요소가 된다. 품질(quality) 대신에 속성(attribute)을 선택하면 이런 딜레마에서 벗어나 커피의 다양한 특성을 포용할 수 있게 된다.

내적 속성뿐만 아니라 외적 속성도 평가한다는 것은 커핑 점수나 외관,

크기, 테이스팅 노트 같은 내적 요소뿐 아니라 커피의 산지나 농장 같은 외적 속성들도 반영하겠다는 뜻이다. 누가 어떤 철학을 가지고 커피 생산하는지는 생각보다 믿을 만한 품질 기준이다.

이분법적인 것이 아니라 연속적인 것으로 본다는 것은 커머셜과 스페셜티에 명확한 구분이 없다는 것을 인정한 것이다. 우리가 녹색을 쉽게 구분할 수 있다고 생각하지만, 막상 노란색과 파란색을 혼합해 보면 어디까지가 녹색인지 구분이 쉽지 않다. 이처럼 커피도 어떤 커피와 비교되느냐에 따라 독특해질 수도, 평범해질 수도 있다. 그러니 스페셜티는 따로 있다는 생각보다는 스페셜티에 대한 지향점을 바라보는 것이 중요할 것이다.

스페셜티의 등장 이후 점점 약배전을 하는 이유

스페셜티 커피의 등장이 로스팅의 정도도 많이 달라지게 했다. 최근 요리에서 노르딕 퀴진이 큰 붐을 일으켰는데, 커피에서도 노르딕 로스팅이 인기라고 한다. 노르딕(Nordic)은 '북유럽의'라는 뜻이고, 식당은 노마(Noma) 레스토랑이 대표적이다. 북유럽 제철 식재료만을 사용하여 누구보다 혁신적이고 창의적인 요리를 제공하는 노마 레스토랑은 세계에서 가장 예약하기 힘든 레스토랑 중 하나로 꼽힌다.

초기에 북유럽 국가들은 커피를 추출이 아닌 물에 넣고 끓이는 방법으로 만들었다. 로스팅도 강한 편이었다. 그러다 1861년 노르웨이 커피 역사에 한 획을 긋는 책자가 발간된다. 피터 아스뵈른센(Peter Christen Asbjornsen)이 로스팅이 길어질수록 커피 본연의 향과 맛이 사라진다고 주장한 것이다. 그는 로스팅 후 무게 변화가 15% 내외일 때 최적의 맛을 내고, 20%는 너무 과하고, 25%일 때 마실 수 없는 수준이라고 말한다. 지금보다는 조금 강한 로스팅이지만 커피를 강하게 로스팅할수록 고유의 향과 맛을 잃는다는 것을 널리 알게 되었고, 이후 점점 약하게 커피를 로스팅하면서 북유럽식 로스팅이 시작되었다. 북유럽식 로스팅(Nordic)은 점점 '라이트 로스팅(Light Roast)'이 된 것이다.

하지만 노르딕 로스팅의 핵심은 '커피 콩'이라는 것을 알아야 한다. 고품질의 커피 생두를 구했을 때 그 생두 고유의 향미를 살리기 위해 로스팅을 더 약하게(Lighter) 하는 것이 의미가 있지 '아무 콩'이나 사용하면서 노르딕 로스팅을 해 봐야 의미 없다.

맛있는 커피에서 의미까지 담는 커피로

커피의 가치는 단지 맛에만 있지 않다. 그날의 날씨, 누구와 함께 마시는지, 카페의 분위기 등도 매우 중요하다. 이 모든 것이 조화롭게 어우러질 때만이 그 커피는 특별하게 기억된다. 이것은 우리가 좋아하는 노래를 들을 때와 마찬가지다. 좋아하는 노래를 들을 때 그 음악을 처음 들었던 장소와 분위기, 또 누구와 들었는지 자연스레 기억나는 것처럼 '커피 한 잔'도 특별한 의미를 지닐 수 있다. 매혹적인 커피 향은 그 순간의 감정들과 세밀한 기억까지 불러일으키며, 그때의 행복한 기억을 떠올리게끔 한다. 이처럼 커피를 통해 얽힌 추억은 우리의 가슴에 깊숙하게 스며들어 문득문득 고개를 들게 한다.

스페셜티 커피는 원래 커피 생산자에게 품질에 맞는 제 가격을 지불하여 생존을 도우려는 문화운동의 일부였다. 그리고 점점 많은 소비자도 자신이 마시는 한 잔의 커피를 통해 세상을 더 긍정적으로 바꾸는 것에 관심을 가지게 되었다. 이처럼 커피는 생각보다 다양한 의미를 가질 수 있다.

1. 지속 가능한 원두 생산: 의미 있는 커피는 지속 가능한 농업 및 생산 방법을 통해 생산된 원두를 사용한다. 이는 환경을 보호하고 생산자

에게 공정한 보상을 제공함으로써 사회적 책임을 담당하는 것을 의미한다.

2. 공정 거래 커피: 일부 커피 브랜드는 생산자에게 공정한 가격을 지불하고 생산 조건을 향상시키는 공정 거래를 실천한다. 이를 통해 커피 산업에서 사회적 정의와 공평한 무역을 추구한다.
3. 지역 사회 지원: 일부 지역 커피 로스터리나 카페는 지역 사회를 지원하고 활성화하기 위해 노력한다. 지역 재료나 지역 예술가와 협업 등을 통해 지역 사회와의 유대감을 형성한다.
4. 문화적 가치 부여: 커피는 종종 특정 문화나 전통과 연관되어 있다. 지역적인 특색을 존중하고 커피 문화를 통해 사회적, 문화적 가치를 존중하는 것이 의미 있는 커피에 해당할 수 있다.
5. 커피 블렌딩 및 예술: 바리스타의 예술적인 솜씨와 블렌딩 기술을 통해 커피에 예술적 가치를 부여하는 것도 의미 있는 커피에 해당할 수 있다. 라테 아트나 특별한 블렌딩으로 소비자에게 독특한 경험을 제공한다.

이처럼 커피는 단순히 음료가 넘어서 사회적, 환경적, 문화적인 다양한 측면에서 의미를 가질 수 있다. 커피가 개인 차원을 넘어 사회적으로 의미 있는 연결과 경험으로 자리하고 있다.

나에게는 어떤 커피가 어울릴까?

옷 입을 때 자신의 체형이나 스타일에 맞는 것을 선택하는 것이 중요하듯, 커피도 자신의 스타일에 맞는 것이 중요하다. 각자의 취향과 선호도에 따라 적합한 커피는 원두 생산지, 가공법, 로스팅 정도, 그리고 추출 방식과 마시는 방법까지 달라진다.

어떤 이들은 진한 에스프레소의 강렬한 맛을 선호하고, 어떤 이는 부드러운 라테나 크림이 풍부한 카푸치노를 즐긴다. 또 다른 이들은 아메리카노의 깔끔한 맛을 선호할 수 있다. 커피를 마시는 시간과 장소 또한 이러한 선택에 영향을 미친다. 아침에는 강한 커피를 선호하는 사람들이 있을 수 있고, 점심 후에는 가벼운 커피를 선호하는 사람도 있다. 집에서는 편안하게 프렌치 프레스나 드립 커피를 즐기는 반면, 외출 시에는 편의성을 위해 에스프레소 머신에서 빠르게 추출한 커피를 선택할 수도 있다.

커피의 로스팅 정도도 개인의 취향을 반영하는데 어떤 이는 가벼운 로스팅의 커피를 통해 더 섬세하고 복잡한 향미를 즐기길 원하는 반면, 다른 이들은 진한 로스팅으로 강렬한 맛과 아로마를 선호할 수 있다. 이렇듯 자신의 입맛에 꼭 맞는 원두를 찾는 것은 매우 중요한 과정이다.

커피에 대한 관심이 깊어지면서, 직접 커피를 내려 보기도 하고, 어떤 추출 장비와 방법이 자신의 취향에 맞는지, 그리고 왜 추출할 때마다 맛이 달라지는지에 대한 이해도 점점 깊어진다. 처음 커피를 시작할 때는 많은 시행착오를 겪게 되지만, 경험이 쌓일수록 자신에게 맞는 원두의 선택이 명확해진다. 나에게 어울리는 커피를 찾기 위해서는 자신의 취향을 정확히 이해하고, 다양한 종류의 커피를 시도해 보며 그중에서 가장 마음에 드는 맛을 발견하는 것이 중요하다.

1. 맛 선호도: 단맛, 산미, 쓴맛 중 어떤 것을 선호하는가? 부드러운 풍미, 강한 향, 과일향 등 맛의 특징을 고려해 본다.
2. 로스팅 수준: 로스팅 수준에 따라 커피의 맛이 달라진다. 가벼운 로스팅은 과일향이 강하고, 중간 로스팅은 균형이 잡힌 맛을 주며, 진한 로스팅은 단맛과 풍부한 바디감을 갖추게 된다.
3. 원두의 출처: 특정 지역에서 나온 원두는 그 지역의 특유한 풍미가 있다. 예를 들어, 중남미 원두는 고급스럽고 부드러운 맛을 가질 수 있다.
4. 음료 스타일: 에스프레소, 아메리카노, 카푸치노, 라테 등 다양한 음료 스타일 중 어떤 것을 선호하는가? 각각의 스타일은 커피의 풍미를 다르게 즐길 수 있게 한다.
5. 환경적 고려사항: 지속 가능성이나 공정 거래도 충족하는 커피를 찾아볼 수도 있다.

3.

나만의 카페, 홈카페를 시작한다면

요즘 홈카페가 인기인 이유

최근 자기 집에 그라인더, 드리퍼, 소형 커피 머신 같은 커피 장비를 갖추는 사람이 정말 많아지고 있다. 자기 집에서 전문점이나 그 이상의 맛을 즐기려는 욕구가 확실히 커진 것이다. 옛날에 친구나 지인의 집에 놀러 가면, 대부분 믹스커피나 과일 음료 등을 대접받은 것에 비해 정말 놀라운 변화다. 이것은 사람들의 입맛이 바뀌었기 때문일까? 아니면 그저 유행을 따르는 것일까?

커피는 이제 단순한 트렌드를 넘어서, 일상의 즐거움으로 확고한 자리를 잡게 된 것 같다. 그러면서 질문이 많아졌다. 어떻게 하면 내 입맛에 꼭 맞는 원두를 구할 수 있을까? 아마 이것이 홈카페를 하려는 사람에게 가장 결정적 질문일 것이다. 커피를 처음 시작하면 어떤 추출 장비를 살지, 어떻게 추출할지, 추출할 때마다 왜 맛은 바뀌는지, 어떻게 커피 맛의 변수를 조절해야 내가 원하는 맛이 될지 등 모든 것이 질문이겠지만 시간이 지나 경험이 쌓이면 여러 질문이 해결되고, 점점 어떤 원두를 구해서 맛을 즐길지가 남은 질문이 된다. 식품에서 끝까지 남게 되는 것은 항상 원료의 문제이다.

홈카페를 처음 시작한다면 모든 것이 불확실한 도전일 수밖에 없다. 하지만 이런 불확실성을 두려워할 이유는 없다. 홈카페를 위한 장비 구입의 진입장벽이 많이 낮아졌고, 투자한 시간과 노력에 비해 쉽게 만족스러운 커피를 즐길 수 있기 때문이다. 덜 맛있는 날이 있기에 더 맛있는 날도 있고, 정확한 레시피로 완벽함을 추구한 커피도 좋지만, 그냥 감각적으로 편하게 내린 커피도 충분히 만족스러울 것이다.

홈카페를 시작할지 말지 고민이 된다면 일단 커핑(Cupping)부터 시작해 보는 것도 괜찮은 방법이다. 머릿속으로 홈카페를 생각할 때는 낭만적이지만, 자신의 성향에 맞지 않아 금방 시들해질 가능성도 크다. 커핑은 분쇄된 커피와 저울만 있어도 가능하고, 추출의 편차에 따른 맛의 차이가 가장 적다. 마시고 즐기는 목적으로는 적당하지 않지만, 원두의 품질을 평가하기에는 가장 표준화된 방법이다. 조건에 맞게 아주 잘 추출한 커피도 커핑 방법으로 만든 커피보다 2배 이상 맛있기는 힘들다. 그러니 커핑을 해 보면서 자신의 취향에 맞는 원두를 고르고 다양한 원두의 커피를 즐기는 것에 자신이 진심인지를 확인한 후에 장비를 구매하는 것도 좋은 방법이다.

커핑(Cupping)이 중요한 이유

커피는 농산물이고 같은 농장, 같은 품종도 미세 기후, 가공법에 따라 풍미의 차이가 날 수 있다. 품질을 확인하려면 맛을 보는 수밖에 없는데 이때는 가장 똑같이 추출하여 맛을 평가하여야 한다. 이런 목적에 가장 적합한 것이 커핑(Cupping)이다.

물량(컵 용량)의 5.5%에 해당하는 분쇄된 커피를 준비하고, 여기에 93℃의 물을 부어 절차에 맞추어 맛을 보는 것이다. 물과 거피의 비율, 커피의 분쇄도, 물의 온도와 절차만 지키면 일관성 있게 커피의 향미를 평가할 수 있다.

이런 커핑은 커피 평가에 광범위하게 사용된다. 커피 바이어나 구매자는 어떤 생두를 구매할지 판단할 때 사용할 수 있고, 입고된 생두의 품질 검사, 로스팅의 품질 관리, 제품 개발이나 판매를 위해서도 사용할 수 있다. 커핑은 가장 편차 요인이 적은 추출법이고, 제품의 잠재력을 확인하는 데 충분하기 때문이다.

이런 커핑은 커피 추출을 이해하는 데 아주 좋은 방법이다. 또한 커핑에는 대중에게 새로운 원두를 소개하고 경험하게 하는 퍼블릭 커핑(Public Cupping)도 있다. 퍼블릭 커핑은 커피를 좋아하는 애호가들에게 다양한 커피를 소개하고, 그들의 의견을 들어 보고 서로 대화를 나누며, 소비자의 커피 선호도를 파악하는 방법이다.

집에 커피 장비를 갖출 정도의 열정이 있다면 퍼브릭 커핑에 참여해 보는 것도 아주 좋은 경험이고, 본인의 추출 기술의 평가를 위해서 커핑의 방법을 사용하는 것도 좋은 방법이다. 커핑으로 추출한 맛과 자신이 설계한 추출법으로 추출한 커피의 품질 차이를 비교해 보면 추출의 방향성을 찾거나 실력 향상에 큰 도움이 된다.

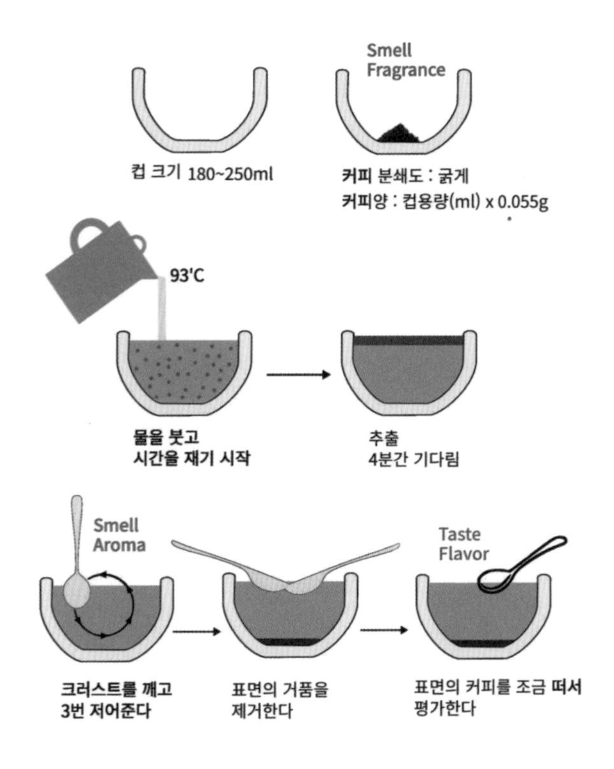

커핑(Cupping) 순서도(SCA 매뉴얼 기준)

추출의 기본 도구: 저울

커피의 완성은 추출이다. 맛있는 커피를 위해서는 좋은 생두와 적절한 로스팅도 중요하지만, 최종 단계의 추출도 좋아야 한다. 문제는 같은 도구를 사용하여 같은 조건으로 추출해도 로스팅 정도, 분쇄도, 입도 분포, 커피와 물의 비율, 물 온도, 추출정도 등에 따라 맛이 달라진다는 점이다. 그래서 과거에는 요리처럼 손맛을 중시하는 경향이 있다. 하지만 음식에서 손맛보다 중요한 것이 정확한 계량이다.

한 분이 엄마의 음식이 너무나 맛있는데 자신이 따라 하면 도저히 안 된다는 것이었다. 그래서 어느 분의 지혜를 전해드렸다. 그분은 먼저 사용하는 재료의 모든 무게를 재두는 것이다. 그리고 어머님이 본인의 감각대로 편하게 요리하게 하고, 나중에 남은 양의 무게를 측정해서 사용한 양을 정확히 파악한 것이다. 그렇게 레시피를 완성하니 맛이 잘 재현이 되었다는 것이다. 컵라면을 끓일 때 물의 양을 맞추는 것이 가장 중요한 것처럼 커피도 원두의 양과 물의 양의 비율을 맞추는 게 중요하다.

추출은 변수도 다양하고, 상호작용을 하므로 원하는 맛의 커피를 재현성 있게 뽑는 것이 절대 쉽지 않다. 재현성이 있어야 방향을 찾아 개선도 할 수 있으니 재현성이 진정한 실력이고 할 수 있다. 그런 측면에서 저울보다 기본이 되는 것도 없다. 더구나 요즘 전자저울은 가격도 저렴하고, 기능도 좋다. 3만 원 정도에 0.1g 단위로 2kg까지 측정할 수 있고, 타이머 기능까지 있을 정도이다.

그러니 어떤 저울을 살 것인지와 같은 고민보다는 저울로 측정하는 것의 의미를 아는 것이 중요하다. 커피 추출에서 가장 기본이 되는 것이 수율과 농도이다. 이런 수치적 개념이 레시피를 가장 쉽고 재현할 수 있게 해 준다. 예를 들어 커피를 추출할 때 저울을 쓰지 않고 눈대중으로 물을 붓는 것은 커피가 이산화탄소가 빠져나오면서 부풀기 때문에 판단이 쉽지 않다. 로스팅 후 얼마나 시간이 지났는지에 따라 거품이 발생이 다르다. 저울을 사용해야 자기 경험을 레시피로 단순화할 수 있다. 시행착오 끝에 성공적인 맛을 냈다면 그것을 다시 재현할 수 있어야 한다. 이때 시간, 온도, 커피 양, 물 양 등의 정보가 필요하다. 이런 수치적인 정보가 없이 감으로 한다면 재현이 힘들다.

커피 그라인더가 다양한 이유

홈카페를 도전하려고 커피 장비들을 알아볼 때 가장 고민이 되는 것이 아마 그라인더의 구매일 것이다. 종류도 너무나 다양하고, 가격도 다양하고, 전문가의 추천도 다양하다. 더구나 분쇄에 사용하는 그라인더(분쇄기)에 따라 커피 맛이 생각보다 많이 달라진다.

집에 적당한 그라인더가 없다면 업소에서 좋은 그라인더로 분쇄한 커피를 구매해서 쓸 수도 있다. 문제는 커피를 분쇄할 때 나오는 그 풍부한 냄새를 집에서 마시면서 즐길 수 없다는 것이다. 그리고 분쇄한 커피는 산화가 훨씬 빠르다. 또한 한번 분쇄한 커피는 용도에 맞게 크기를 재조정할 수 없다. 그러니 홈카페를 한다면 커피를 원두 상태로 보관하면서 필요에 따라 1회 분량씩 분쇄할 수 있는 그라인더의 구입을 추천할 수밖에 없다.

문제는 그라인더의 종류가 너무나 다양하고 나름의 장단점이 있어서 정답을 찾기 어렵다는 것이다. 가격이 몇만 원에서 백만 원을 훌쩍 넘는 것까지 다양하다. 사실 예산이 충분하다면 답은 쉽다. 그냥 전문점에서 선호하는 EK43 같은 고가의 모델을 구입하면 된다. 하지만 얼마나 꾸준히 사용할지 모른다는 점에서 과잉투자가 될 수 있다. 그런 장비를 구매하고 활용하지 않고 방치한다면 아까운 일이다.

더구나 상업적 목적이라면 분쇄 품질 못지않게 분쇄 속도, 내구도, 작업 편의성 등이 중요하지만 홈카페는 분쇄의 품질만 뛰어나면 되므로 상업용보다 가격 대비 분쇄 품질이 우수한 그라인더를 구입할 수 있다.

커피에는 다양한 추출법이 있고, 추출 방법에 따라 적합한 분쇄도가 있다. 커피 입자의 크기에 따라 물의 흐름과 추출 정도가 달라지기 때문이다. 원두를 분쇄할 때는 크기도 중요하지만, 크기의 분포도 중요하다. 가능한 같은 크기, 균일한 것이 좋다. 입도가 균일해야 그 크기를 기준으로 이상적인 추출이 가능하다. 입도가 작은 것과 큰 것이 같이 있으면, 큰 것을 기준으로 추출하면 작은 것에서 과도한 추출이 일어나고, 작은 것을 기준으로 추출하면 큰 것에서는 추출되지 않고 손실되는 부분이 많아진다.

완벽한 추출이란 한마디로 원하는 성분을 최대한 녹여내면서, 원하지 않는 부분은 녹여내지 않는 기술이다. 크기가 작을수록 추출이 빨라지기 때문에, 원하지 않는 부분을 녹지 않게 하기 힘들어진다. 추출 방법에 적당한 크기가 있어야 빨리 추출되는 것과 늦게 추출되는 것의 시간 차이를 이용하여 원하는 부분만 추출할 수 있다.

좋은 그라인더의 조건

커피를 분쇄하면 크기와 물리적 구조만 바뀌는 것이 아니라 마찰열에 의해 약간의 화학적 변화도 일어난다. 분쇄 시 최고 온도가 80℃라고 하지만 100℃를 넘을 때도 있다. 이것은 로스팅할 때보다는 훨씬 낮은 온도와 짧은 시간이지만, 공기에 직접 노출되어 산화 반응 등 불리한 반응이 일어난다. 분쇄 시 세포벽에 갇혀 있던 가스와 향도 방출된다. 가스의 방출은 추출에 유리하지만, 향의 손실도 같이 일어난다. 이상적인 그라인더라면 다음과 같은 요구사항을 만족해야 한다.

- 재료에 상관없이 일관되게 구동되어, 같은 결과물이 나와야 한다.
- 입자 크기 분포는 좁아야 하고. 미분은 적게 발생해야 한다.
- 정전기 감소 장치 등으로 미분이 뭉치거나 달라붙지 않아야 한다.
- 분쇄 시 열 발생이 적고, 온도가 일정해야 한다.
- 분쇄 칼날 및 교체 부속들은 마모도가 적고 쉽게 교체할 수 있어야 한다.
- 디자인이 좋고 청소와 유지 관리가 쉬워야 한다.

좋은 그라인더를 고르려면 분쇄기의 형태에 따라 그 특성이 왜 다른지 정도를 이해할 필요가 있다. 원두를 분쇄할 때 가해지는 힘은 자름, 누름, 밀림 등의 작용이 복합적으로 작용한다. 자름 작용은 칼로 식재료를 자를 때처럼 일정한 크기로 자르는 기능이다. 입도 분포를 좁게 하고, 압축(누름)과 충격은 망치로 식재료를 부술 때처럼 입자를 파쇄하여 입자의 형태가 불규칙하고, 크기 분포를 넓게 하는 경향이 있다. 분쇄는 망치로 두드리는 방식보다 칼로 자르듯이 이루어질 때 미분이 적게 발생한다.

커피 분쇄는 얼마나 미분이 적고, 크기가 일정한지가 중요한데, 이를 위해서는 원하는 크기로 분쇄된 원두에는 다시 충격이 가해져 더 미세한 분말로 분쇄되지 않게 하는 것이 중요하다. 블렌더와 같은 블레이드(blade)형은 통 안에 회전하는 날로 분쇄하면 어떤 입자는 원하는 크기로 분쇄된 후에도 계속 충격을 받아 미분이 되고, 어떤 입자는 블레이드에 닿지 않아 큰 입자를 유지한다. 입도가 균일하기 힘든 것이다.

다단 롤러는 1단에서 최소한의 힘으로 분쇄 후 롤러 틈보다 작은 것은 아래로 빠져서 더 이상 충격을 받지 않고, 큰 것은 롤러 틈보다 작게 분쇄되어야 아래로 빠지게 된다. 이렇게 점점 좁혀진 여러 단의 롤러를 거쳐 분쇄하면 가장 균일한 입자 분포를 보인다. 그렇다고 이런 크고 복잡한 그라인더를 카페나 집에서 사용할 수 없고 버(bur) 그라인더를 사용하게 된다. 버 그라인더는 두 개의 커팅 디스크가 있다. 하나는 고정되어 있고 다른 하나는 모터나 손으로 구동되어 회전한다. 두 개의 디스크 사이보다 큰 입자는 빠져나가지 못하므로 분쇄가 되고, 틈보다 작게 분쇄된 것은 빠져나가므로 칼날에 더 작은 크기도 분쇄되지 않아 블레이드 형보다 훨씬 입도가 균일해진다.

버 그라인더의 절단면 디자인은 다양한 기하학적 구조와 패턴을 가지고 있는데 주로 평면형과 원뿔형의 두 가지 형태이다. 안쪽에 있는 더 큰 이빨이 커피콩을 먼저 깨뜨리고, 커피가 버를 통해 바깥쪽으로 이동하면서 점점 좁아지는 틈을 빠져나가면서 미세하게 분쇄된다.

버의 간격에 따라 입도가 달라지는데 에스프레소용으로 분쇄할 때는 이 간격을 얼마나 정밀하게 조절할 수 있는지가 중요하다. 더 미세하고, 더 빠르게 분쇄하려 할수록 좋은 모터가 필요하다. 일부 그라인더는 모터의 회전수를 조절하는 기능도 있다.

과거에는 그라인더 상단에 상당한 원두를 담을 수 있는 호퍼가 함께 제공되었다. 그러다 점점 호퍼의 크기가 줄어들고 있는데 여기에는 신선도에 대한 고민이 반영되었다. 커피는 건조하고 밀폐된 용기에 담아 어두운 곳에 보관하는 것이 가장 좋다. 그리고 사람들이 커피를 마시는 방식도 달라졌다. 한 가지 원두를 계속 즐기는 것이 아니라 여러 원두를 가지고 추출하기 전에 원하는 원두를 1회 분량만 호퍼에 넣고 분쇄하는 사람들이 많아지고 있다. 그리고 그라인더에 잔류하는 양이 0이 되는 것을 목표로 한다. 잔류량이 없을수록 수율뿐 아니라 청소, 향미 등 여러 측면에서 좋다.

분쇄한 크기와 입도 분포가 중요한 이유

에스프레소, 푸어오버, 프렌치프레스처럼 추출 방법에 따라 적절한 입자 크기가 있다. 입자의 분포도에서 크기를 보통 입자의 지름으로 표시하는데, 지름이 1㎜인 입자는 지름이 0.1㎜인 입자보다 10배가 큰 것이 아니라 가로×세로×높이가 10×10×10으로 1,000배라는 것을 유념할 필요가 있다. 1㎝의 입자를 1㎜로 쪼개면 1,000조각, 0.1㎜로 쪼개면 1백만 개로 쪼개는 것이다. 커피를 분쇄할 때는 입도의 평균이 자신이 원하는 크기여야 하고, 입자의 분포가 충분히 균일해야 한다.

분쇄한 입자는 크기가 작을수록, 표면적의 상대적인 비율이 커지고 추출률 또한 좋아진다. 그렇지만, 미세 입자가 많으면 물 흐름이 막히면서 추출 일관성이 나빠질 수 있다. 이런 미세 입자를 미분(fine)이라 하는데 미분이 필터 구멍을 막아 추출액과 커피의 분리를 방해할 수도 있다. 커피에서 미분은 보통 0.1㎜(100㎛) 이하다.

과거에 입자 분포는 고가의 분석 장비나 번거롭게 체질을 통해 분석해야 했으나 요즘은 사진을 통해 분석도 가능하다. 또한 커피가 추출되는 형태와 시간 그리고 맛을 통해 간접적으로 추정할 수 있다. 커피 추출물은 커피 분말의 평균 지름, 분쇄 입자 분포, 추출 기법이 결합한 결과물이기 때문이다. 모든 분쇄는 주어진 커피 추출 방식에 알맞은 평균 입자 크기를 얻는 것을 목표로 한다.

원두를 미세하게 분쇄할수록 표면적 비율이 커지고, 표면적 비율이 클수록 추출이 쉽지만, 몇 가지 단점도 증가한다. 과도한 추출이 일어나 쓴맛이 강해지기 쉬운 것이다. 반면, 너무 굵게 분쇄하면 과소 추출이 일어날 수 있다. 입자의 크기가 적절할 때 커피의 향미가 균형이 있고, 입도가 일정해야 추출 시간을 일관되게 유지할 수 있어 맛의 일관성이 높아진다.

분쇄가 미세해질수록 미분이 증가하여 여과지를 막히게 하거나, 물의 통로가 열린 쪽으로 과도하게 물이 흘러가는 채널링이 일어날 수 있다. 물의 흐름이 많은 쪽에서는 과다 추출이 일어나고 적은 쪽은 과소 추출된다.

강배전한 커피의 추출이 쉬운 이유

커피를 분쇄할 때 원두의 상태도 중요하다. 원두를 강하게 로스팅할수록, 커피의 부피(공극률)가 커지고 부서지기 쉬워진다. 약배전의 경우는 수분이 더 많이 남아 있고 단단하여 분쇄가 쉽지 않다. 원두의 수분 함량과 수분의 분포도 중요하다. 로스팅 후에도 수분은 무게의 1~2% 정도를 차지한다. 로스팅 후 물을 사용해 원두를 식히면 냉각수 일부가 커피콩에 흡수될 수도 있고, 커피콩에 바로 균일하게 퍼지지는 못한다. 물이 커피콩 내부로 고루 확산할 수 있도록 뜸을 들일 시간이 필요하다. 강배전 및 고속 로스팅의 경우는 커피 기름이 표면으로 밀려나는데 이 역시 내부로 다시 이동하려면 시간이 필요하다.

- **커피 원두**: 품종, 건조법, 가공법 등에 따라 가공된 콩들은 단단함에서 차이를 보인다. 특히 단단함은 일교차에 민감한데, 산지마다 다르다.
- **로스팅 정도**: 로스팅 시 커피콩이 팽창하고 크랙이 발생한다. 세포벽은 단단함을 잃고, 점점 부서지기 쉽게 된다. 냉각 과정도 분쇄에 영향을 준다.

- **커피콩의 수분 함량**: 수분 함량이 높으면 탄성이 생겨서 분쇄가 힘들어진다. 로스팅 후 8시간은 지나야 물성이 안정화되고 분쇄 시 균일성이 높아진다. 로스팅 후 물을 뿌려 식히면 6~12시간이 지나 수분 평형이 이루어진 뒤에 분쇄해야 한다.
- **분쇄 과정의 온도 변화**: 과거에는 분쇄 작업 중 그라인더에 열팽창이 일어나서 분쇄 입자 크기가 더 커지는 것으로 추정했으나 현재의 그라인더는 간격 변화가 없는 것으로 나타났다. 온도나 습도가 높아지면 커피콩은 더 유연해져 충격에도 잘 깨지지 않는데, 그래서 더 굵은 입자가 나오는 것으로 추정한다. 이런 변화를 파악하고 변화된 조건에 맞게 분쇄를 조절하는 것도 바리스타의 업무이다.

미분이 추출과 맛에 미치는 영향

추출은 입자의 형태에도 영향을 받는다. 입자가 작고 불규칙한 모양일수록 수용성 성분이 더 빨리 추출된다. 큰 입자는 모양이 불규칙적이고 미분이 될수록 모양이 둥글다. 미분이 모양이 둥근 것은 장점이지만, 나머지는 단점이다. 크기가 작아 큰 입자 사이나 필터 내 공극을 막을 수 있고, 이 경우 추출 시간이 많이 늘어나거나 막힐 수도 있다. 작은 미분이 공극을 빠져나와 음료에 들어갈 수도 있다. 또 다른 문제는 미분으로 인한 과잉 추출이다.

- 미분이 많으면 표면적이 늘어 내부 마찰력과 응집력이 높아진다. 분말이 될수록 고체도 액체도 아닌 제3의 물성으로 잘 흩어지지 않아 계량하기가 어렵고, 용기나 계량 도구 출구에 뭉쳐 있거나 쌓이기 쉽다.
- 미분이 많으면 밀도는 높아지고 공극은 줄어든다. 추출 공정에서 필터가 막힐 수 있다.
- 미분이 많으면 표면적이 커지고 확산 경로는 짧아진다. 기체 방출 및 추출할 때 확산을 통한 수용성 성분의 이동이 빨라진다.
- 산화가 쉬워진다. 온도와 습도가 높아지면 반응은 더욱 가속화된다.

미분은 정전기에 따라 달라붙거나 뭉쳐서 추출의 일관성을 떨어뜨리는 주요 원인이다. 이를 방지하기 위한 몇 가지 방법이 사용된다.

- 습도 관리: 습도가 낮으면 정전기가 쉽게 발생하므로, 가습기를 사용하여 습도를 유지하는 것이 도움이 된다.
- 전기 중화 장치 사용: 전기 중화 장치나 이온 발생기를 사용하여 공기 중의 전하를 중화시키고 정전기를 방지할 수 있다.
- 유리나 금속 표면, 적절한 소재 선택: 정전기가 적게 발생하는 소재를 사용하면 도움이 된다.
- 표면에 물을 뿌리기: 커피콩 안의 수분이 많을수록, 분쇄 입자가 클수록, 로스팅 정도가 약할수록 정전기가 적게 발생한다.

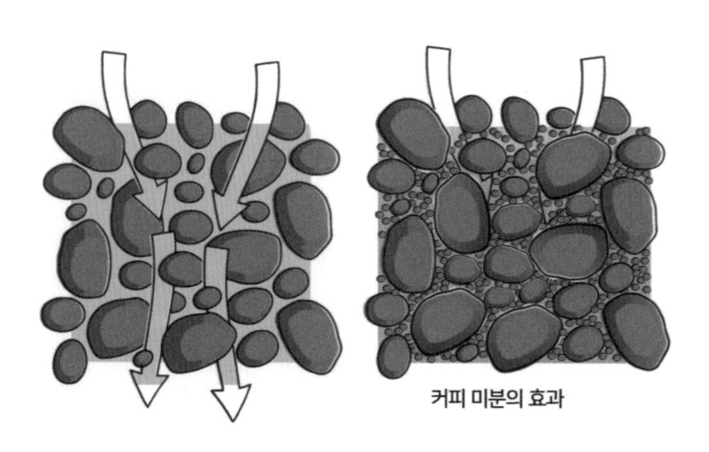
커피 미분의 효과

로스팅을 강하게 할수록 미분이 잘 생기는데 제품 표면에 물을 뿌려 주면 정전기도 줄이고 분말의 날림도 줄일 수 있다. 그래서 일부 바리스타들은 원두를 분쇄하기 전에 물을 약간 스프레이하여 정전기를 줄이기도 한다. 이를 '로스 드롭렛 기법(RDT=Ross Droplet Technique)'이라고 부른다. 원두 1g당 약 20㎕(1㎕=100만 분의 1ℓ)를 추천하는데 에스프레소 한 잔을 만드는 데 원두 15g을 쓴다면 0.3㎖, 즉 작은 스프레이 병으로 2~3번 칙 뿌려 주는 정도이다.

정전기를 줄이면 추출 수율도 높아질 수 있는데, 뭉침이 줄어들어 에스프레소를 추출할 때 물이 더 고르게 커피 입자에 도달하기 때문이다. 그래서 맛도 더 균일해진다.

4.

브루잉, 추출의 기본 이론

커피 추출 방법의 발전

추출법을 검색해 보면 추출 장치, 방법, 과정이 제각각이다. 먼저 커피를 추출하는 방법이 어떻게 변천해 왔는지, 각각의 특징은 어떤지 간단히 알아볼 필요가 있다.

15~17세기에는 용기에 분쇄된 커피를 물과 함께 넣고 끓이는 방법이 유일한 커피 추출법이었다. 오래 끓일수록 향미는 나빠졌다. 그러다 19세기에 들어서야 유럽인을 중심으로 어떻게 해야 커피를 더 맛있게 마실 수 있을까를 본격적으로 연구하기 시작했다.

1830년 이후 다양한 추출 방식이 등장하기 시작했다. 그리고 1884년에는 최초의 에스프레소 기계가 발표되면서 혁신이 일어났다. 드립(푸어오버) 커피는 이보다 약간 늦게 1908년에 지금의 개선된 방법이 등장했다. 푸어오버 방식 커피는 농도가 묽은 편이지만, 향미 프로필은 균형이 잡혀 있고 섬세하며 과잉 추출이 없는 편이다. 에스프레소처럼 강한 압력을 사용하지 않고 더 긴 시간을 추출하며 충분한 물을 사용하여 그만큼 안정적인 것이다.

이 두 가지가 가장 대표적인 추출 방법이고, 그 외에 여러 추출법이 있는데 숙련된 바리스타는 추출 온도와 입자 크기 등을 조절해서 각각에 어울리는 향미를 추출할 수 있다. 이러한 방법들은 각자의 특징과 맛을 가지고 있어 취향에 맞게 선택할 수 있다.

1. 에스프레소 추출: 원두를 미세하게 분쇄하고 높은 압력으로 뜨거운 물을 통과시켜 짧은 시간 내에 추출한다.
2. 핸드드립, 푸어오버(Pour-Over) 추출: 뜨거운 물을 부드럽게 원두 위로 부으며 중력에 따라 여과되어 추출된다.
3. 프렌치프레스 추출: 물과 원두를 함께 넣고 추출하여 일정 시간 후 프레스로 원두를 분리하여 추출한다.
4. 콜드 브루 추출: 차가운 물을 자연압으로 커피 원두에 천천히 떨어뜨려 추출한다.
5. 에어로프레스 추출: 피스톤을 사용하여 압력으로 물을 원두에 푸시해 추출한다.
6. 터키 커피 추출: 가루 상태로 분쇄한 커피를 물과 함께 가열하며 추출하고, 가루를 식음을 통해 침전시킨다.

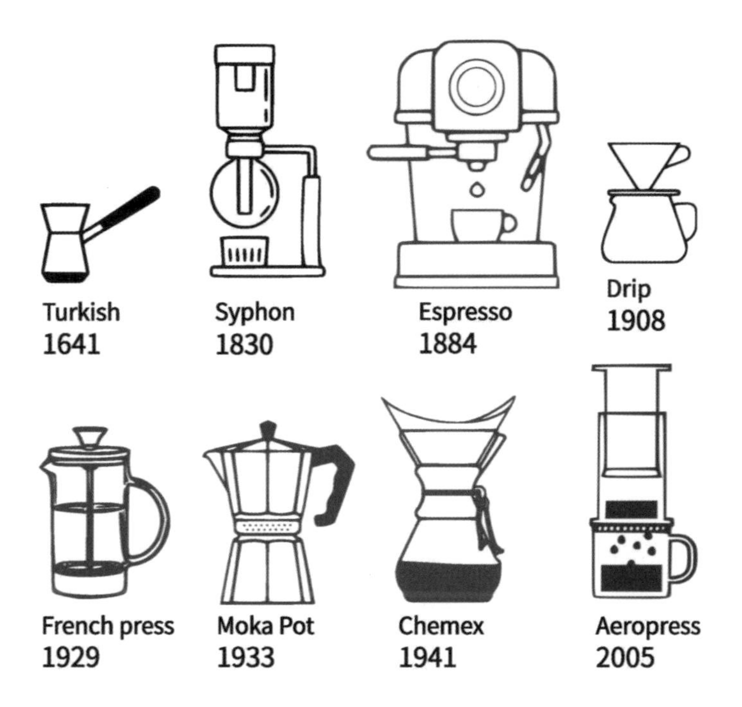
Turkish
1641
Syphon
1830
Espresso
1884
Drip
1908
French press
1929
Moka Pot
1933
Chemex
1941
Aeropress
2005

드립 커피의 특징

드립 커피(Hand drip/Pour-over/Filtered coffee)는 원두를 분쇄하고 여과지를 장치한 깔때기(Dripper)에 담아, 뜨거운 물을 부어 추출한 커피다. 업소에서는 빠른 속도로 고농도의 커피를 만들 수 있는 에스프레소 머신을 많이 쓰지만, 가정에서는 이 드립 방식을 많이 쓴다. 장치의 가격이 저렴하고, 청소도 쉽고, 종이 필터를 보충하는 것 말고는 별다른 유지 보수가 필요 없다. 종이 필터를 사용하기 때문에 미분과 유분(지방)이 걸러지고, 같은 농도로 맞추어도 에스프레소로 추출한 것과 맛의 차이가 있다. 이런 드립식 추출 방법은 독일의 멜리타가 기원이지만 이후 다양한 도구와 추출 기법의 발전은 일본에서 많이 이루어졌다.

드립 커피의 특징은 사람의 손으로 직접 물을 붓는 것을 조절해 가면서 추출하는 것이다. 드리퍼의 형태, 필터의 종류가 같아도 물을 어떤 속도로 어떻게 부어 커피를 추출하는가에 따라서도 커피 맛이 달라진다. 이른바 손맛이 개입하니 나름 낭만적이고 멋도 있다.

드립 커피는 고압으로 빠른 속도로 내리는 에스프레소보다는 품질 편차도 적지만, 클레버나 프렌치프레스 같은 침지식에 비해서 품질의 차이가 나기 쉽다.

에스프레소 추출은 고압 고온에 급속도로 추출하는 방식이라 사소한 물의 흐름만 변해도 맛이 크게 변한다. 장비의 가격이 비싸고, 개성이 강한 싱글 오리진 원두를 여러 가지 사용하려 할 때 일일이 세팅을 맞추려면 바리스타의 시간과 노력이 많이 든다. 그러니 에스프레소 방식은 대중적인 원두로 빠른 속도로 다양한 메뉴를 만들 때 유리하고, 다양한 싱글 오리진 커피를 취급할 때는 업소에서도 드립 커피를 사용하는 것이 유리하다.

드립 커피에 사용하는 드리퍼는 멜리타, 칼리타, 하리오 등 여러 타입이 있다. 이들 장비에 따라 맛의 차이가 나는 핵심적인 이유는 물의 흐름의 차이다. 흐림이 적은 침지식이 편차가 적어 사용이 쉽고, 흐름이 빠른 타입일수록 깔끔한 맛을 내지만 과소 추출 등 편차가 생기기 쉽다. 그만큼 기술적 숙련도가 필요하다.

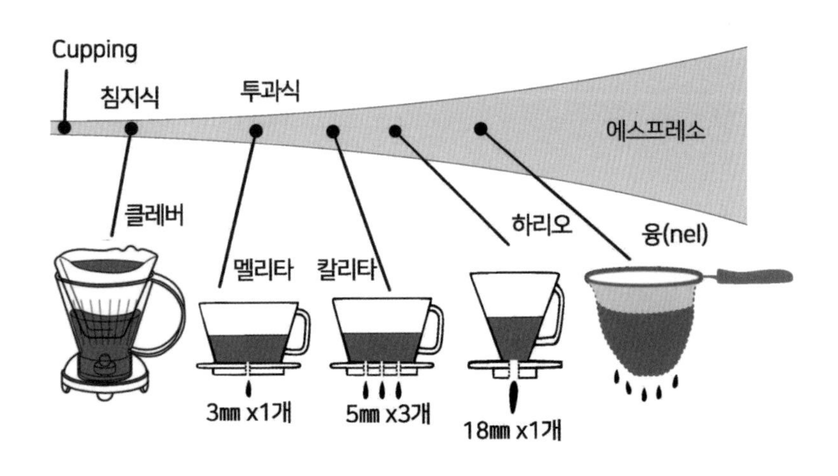

드리퍼의 형태와 물의 흐름

필터의 선택과 린싱

필터 재질은 크게 금속/천(융)/종이가 쓰이는데, 종이는 유분(기름) 성분을 흡수하는 성향이 강하고 미분도 적게 통과한다. 융 드립은 커피의 기름 성분이 그대로 통과하기 때문에 이들에 의한 특유의 맛과 향이 두드러진다. 그래서 섬세한 특징이 사라진다며 융보다 종이 필터가 좋다는 사람도 있다. 기름기 없이 깔끔한 맛을 원한다면 종이 필터를, 유분이 포함된 맛에 매력을 느끼면 융 드립이나 프렌치 프레스가 좋은 선택일 것이다.

종이 필터를 드리퍼에 세팅하고 뜨거운 물을 부어 헹구는 것을 린싱이라고 한다. 종이 필터의 잡내를 빼내는 과정이자 드리퍼와 서버를 예열하는 효과도 있다. 이런 린싱 작업은 표백하지 않은 필터에 필요한데, 필터를 린싱한 물을 살짝 마셔 보아 나무껍질의 불쾌한 맛이 나면 린싱이 필요한 필터이다.

표백한 종이 필터는 린싱할 필요가 적다. 린싱하는 과정에 종이가 드리퍼의 리브에 달라붙어 추출 속도에 변화가 생기거나 종이의 직물 구조가 달라져 추출도 달라질 수 있다. 특히 필터 종이의 두께가 얇으면 구조가 무너져 내릴 수가 있다.

종이 필터 대신 스테인리스로 된 필터를 쓸 수 있다. 장점은 반영구적으로 사용 가능하다는 것이다. 오일 성분을 거르지 못하고 미세하게 커피 가루와 커피오일이 같이 추출된다. 이쪽이 더 자신의 취향에 맞다는 사람도 있다. 스테인레스 필터는 그냥 버리면 되는 종이 필터와는 다르게 매번 청소해야 한다. 이 점이 불편하지만, 융 드리퍼의 세척과 관리보다는 훨씬 간편하다.

추출의 과정

커피 추출은 아래와 같은 과정을 통해 이루어지며 대략 3분 이내에 완료된다. 3분은 홈카페라면 전혀 긴 시간이 아니지만 업소라면 에스프레소의 30초에 비해서는 6배나 긴 시간이다.

- 분쇄도의 선택: 너무 미세하게 갈면 쓴맛이 더 강해지고, 너무 굵게 갈아 놓으면 신맛이 강해지는 경향이 있어서 원두에 따라 적절히 조절한다.
- 추출 온도: 94℃를 기준으로 조절한다. 노르딕 로스팅 커피처럼 약하게 로스팅할수록 단단하고 추출이 어렵기 때문에 더 높은 추출 온도가 요구된다. 반대로 강배전의 경우 추출이 쉬워 고온에서 부정적인 맛 성분도 함께 용출될 가능성이 있다. 온도를 낮출 수 있다.
- 뜸 들이기: 커피 용량의 2~3배 정도의 뜨거운 물을 커피 전체에 부드럽게 부어서 뜸을 들여 본격적인 추출을 준비한다. 30초 정도 기다리거나 거품에 금이 갈 때쯤까지 또는 서버 밑으로 커피가 한두 방울씩 떨어질 때쯤까지만 기다린다.
- 본 추출: 2~3분 정도에 걸쳐 나머지 물을 부으면서 커피를 추출한다.

투입하는 물은 원두 10g당 150㎖ 정도를 기준으로 취향에 따라 가감한다.

- 물줄기: 푸어오버라도 막 붓는 것이 아니다. 나선형(스파이럴) 푸어로 붓거나 가운데에만 붓는 센터푸어 방식이 사용된다. 드리퍼를 흔들거나 스푼으로 젓는 등의 방식이 사용되기도 한다. 물줄기는 유량이 일정하게, 드리퍼 벽에 닿지 않게, 너무 빠르지 않고 커피와 잘 섞이게 하는 것이 중요하다.
- 추출 시간: 대략 3분 이내로 한다. 이 시간이 지나면 원두에서 원하지 않은 향미 성분까지 추출되어 나오기 쉽다.

추출은 초반에 많은 성분이 녹아 나오고, 쓴맛이 적으므로, 취향에 따라 이들 앞부분만 강조해 추출하는 사람도 있다. 비슷한 논리로 드리퍼에 물이 아직 남아 있는 상태에서 드립을 중지하는 경우도 있다. 커피의 추출 후반부에는 불쾌한 쓴맛과 바디감을 결정하는 성분이 많이 나온다. 차(tea)처럼 즐기는 데는 앞부분에 나오는 성분으로도 충분하다. 하지만 커피만의 독특한 향미를 위해서는 여러 변수를 잘 통제하여 충분히 추출할 필요가 있다. 추출을 처음 할 때는 기본적인 용량을 사용하고, 천천히 취향에 따라 바꾸면 된다.

클레버(Clever) 추출의 특징

본격적으로 드립 커피를 해 보기 전에 먼저 쉽게 일정한 품질을 낼 수 있는 클레버 추출을 해 보는 것도 좋은 방법 같다. 클레버는 대만에서 플라스틱 재질로 개발된 추출도구로, 차를 우리는 데도 많이 쓴다. 외관은 전체적으로 칼리타 드리퍼와 비슷하지만, 아래쪽에 밸브가 있고 잠겨 있다. 드리퍼에 필터를 정착하고 분쇄된 커피를 담은 후, 커피 비율에 맞는 뜨거운 물을 붓는다. 그리고 3~4분간 추출한 뒤에 클레버를 컵 위에 올리면 밸브가 밀려 올라가면서 열려 우려진 커피가 내려오는 방식이다.

이것은 침지식이라 중간에 빠져나가는 물이 없이 전체 물을 한 번에 넣으므로 다른 드리퍼보다 큰 것을 사용해야 한다. 이 방식은 또 다른 침지식인 프렌치 프레스에 비해서는 유분이나 미분 없는 깔끔한 맛이 장점이고. 침지식 특유의 일정한 품질은 보장하는 것도 장점이다. 그래도 침출방식의 특성상 여과식보다 수율이 떨어지고, 최고의 맛을 구현하기는 어려움이 있다. 하리오 V60을 잘 쓴다면 90~100점짜리 커피가 나오지만 잘못 쓰면 맛이 크게 떨어지는데, 클레버는 매우 쉽게 80점은 보장하는 것이 장점이다.

클레버 방식을 변용한 사용법으로, 원두를 넣고 물을 붓는 것이 아닌 물

먼저(Water-first) 넣고 원두를 넣는 방법이 있다. 바디감이 가벼워지고, 추출 속도가 매우 빨라지며 이것은 곧 원두 분쇄도의 제약이 적어짐을 뜻한다. 일반 사용법이 칼리타/멜리타같이 묵직한 느낌이 난다면, 이처럼 물을 먼저 넣으면 하리오와 비슷해진다.

클레버 방식은 재미와 감성이라는 측면에서는 아쉬움이 있다. 홈카페라면 드립 포트로 물을 부어 주는 과정 자체가 멋과 재미의 요소인데, 클레버 추출은 일정량의 물을 붓고 끝내는 것이라 이런 재미를 느낄 수 없다. 한편 클레버 추출은 입문자뿐 아니라 업장에서 쓰기도 좋은 편이다. 간편하게 균일한 맛을 내기 때문에 많은 주문을 처리하기에도 쉽다.

프렌치프레스 추출법

프렌치프레스는 클레버와 비슷한 침지식인데 필터를 사용하지 않고 추출하는 차이가 있다. 프렌치프레스 커피는 좀 더 큰 입자를 사용하고, 뜨거운 물을 넣어 바리스타가 선호하는 추출 정도에 따라 일정 시간(2~5분) 우려낸다. 추출 시간이 길면 쓴맛과 강도가 높아지고 추출 시간이 짧으면 신맛과 단맛이 강조된다.

1. 커피 원두 분쇄: 중간 정도의 분쇄로 원두를 사용한다.
2. 커피 원두에 뜨거운 물 추가
3. 담그기(Steeping): 프렌치프레스의 플런지를 내려 밀착시킨 후, 원두를 물에 잠기게 해 어느 정도의 시간 동안 기다린다.
4. 누르기(Press Down): 플런지를 천천히 내리면서 원두를 분리하고 커피를 추출한다.

프렌치프레스를 사용하면 커피 원두의 향과 풍미를 더욱 강조할 수 있으며, 추출 시간을 조절하여 선호하는 맛을 얻을 수 있다.

커피 추출의 핵심은 기능일까, 감성일까? 사실 거의 기교를 쓰지 않은 커핑(Cupping)이나 클레버 같은 추출만으로 충분한 맛은 나온다. 그런데도 거기에서 만족하지 않고 온갖 추출 방법을 고민하는 것은 미묘한 맛의 차이까지 다루어 보고 싶은 욕망 때문일 것이다. 그만큼 미묘한 차이까지를 즐기는 수준이면 감성도 중요한 요소이다. 커피를 내리는 도구나 추출하는 행위에서 얻는 감성 또한 홈카페의 결정적 매력이라 그런 감성을 포기하고 기능만 추구하는 것은 커피의 매력의 절반은 포기하는 것이 아닐까 생각한다.

하리오 추출의 특징

전문가들은 보통 하리오 드리퍼를 사용해 보는 것을 많이 추천한다. 일본 하리오사에서 개발한 원추형의 드리퍼인데 추출구가 크며, 나선형 가이드가 드리퍼의 끝부분까지 있어 물 빠짐이 매우 빠른 것이 특징이다. 물의 흐름이 빨라서 커피에서 잡미를 유발하는 타닌 등의 성분이 최소한으로 추출되어 맛이 부드러운 편이다. 특히 가볍고 산미가 강한 약배전 원두에서는 이러한 성향이 좋은 시너지를 발휘한다. 그래서 스페셜티 업계에서 많은 주목을 받았고 그만큼 이 드리퍼를 이용한 레시피도 다양하다.

오래된 원두를 사용할 때도 이 드리퍼를 이용해 앞부분만 빠르게 추출하여 나쁜 맛까지 추출되지 않게 할 수도 있다. 부드러운 커피를 원하는 사람들에게 추천되는 드리퍼이며, 소위 말하는 클린 컵에서 강점을 보인다. 쓴맛이 추출되기 전에 빠르게 추출할 수 있어서 쓴맛이 적은 아이스 커피를 만들기에도 좋다.

콜드 브루의 독특한 향미

콜드 브루는 실온이나 찬물을 사용해 추출한 커피다. 추출하는 물의 온도가 낮은 만큼 추출의 속도가 느려진다. 커피의 추출 방법 중에서는 가장 많은 시간이 걸린다. 찬물로 추출하면 아무리 천천히 추출해도 지용성 성분은 확실히 적게 추출된다. 그러니 뜨거운 물로 추출한 커피와는 그 향미가 놀랄 만큼 다를 수밖에 없다. 콜드 브루 커피는 보통 바디와 단맛, 초콜릿 향기가 강하고 걸쭉한 특성이 있다.

1. 커피 원두 분쇄: 보통 큰 입자를 사용하여 느리게 추출되도록 한다.
2. 커피 원두 추가: 분쇄한 커피 원두를 필터나 거름이 달린 용기에 넣는다.
3. 물 추가: 차가운 물을 천천히 넣고 원두를 흔들어 혼합한다. 물과 원두의 비율은 1:4 또는 1:8 정도이다.
4. 추출 시간: 상온에서 또는 냉장고에서 12~24시간 추출한다. 이 과정에서 차가운 물에 원두의 향미 성분이 천천히 녹아들게 된다.
5. 여과: 추출이 완료된 후에 여과를 통해 순수한 콜드 브루를 얻는다.

콜드 브루는 보통 얼음이나 우유와 함께 마시며, 부드러운 향과 낮은 산도로 인해 상쾌한 맛을 즐길 수 있다.

5.

내가 내린 커피가 맛이 없을 때

커피 맛의 핵심 변수

카페를 다니다가 마음에 쏙 드는 커피를 만나면, 그 맛을 집에서도 재현하고 싶어 원두를 구입하곤 한다. 하지만 시중에 나와 있는 추출 방법을 따라 해 보아도, 카페에서 느꼈던 그 맛을 전혀 찾을 수 없는 경우도 많다. 내가 산 원두가 정말 그 커피가 맞는 건지 의심스러울 정도다. 여기에는 다양한 이유가 있으며, 몇 가지 주요 원인을 점검해 보면 해결책을 찾을 수 있을 것이다.

- 원두 품질: 커피의 맛은 사용된 원두의 품질에 크게 좌우된다. 신선하고 고품질의 원두를 선택하고, 저장 상태와 보관 기간도 고려해야 한다.
- 농도와 수율: 농도는 원두와 물의 비율이 적절하게 유지되어야 커피가 너무 약해지거나 너무 강해지는 것을 방지할 수 있다. 수율은 커피에 추출할 수 있는 성분에서 얼마만큼 추출한 것인지를 나타낸다. 수율에 따라 향조마저 달라진다.
- 분쇄 정도: 분쇄의 정도가 맛에 결정적인 영향을 미친다. 너무 굵은 분쇄는 추출이 부족해 맛이 옅어지고, 너무 고운 분쇄는 쓰고 씁쓸한

맛을 낳는다.

- 물의 온도: 물의 온도가 적절하지 않거나 원두와 물의 비율이 맞지 않으면, 커피의 풍미가 바람직하지 않게 변할 수 있다. 커피를 만드는 데 사용되는 물은 무미이고, 순수해야 한다.
- 추출 시간: 추출 시간은 커피 맛의 강도를 결정한다. 너무 짧으면 맛이 약해지고, 너무 길면 쓴맛이 강해진다.

이러한 요소들이 추출의 핵심 변수라 이들만 잘 관리하면 카페에서 느꼈던 맛을 집에서 재현할 수 있다. 추출 이론의 핵심은 커피를 최대한 고르게 추출하는 것이다. 사실 어느 정도 만족할 커피를 만들기는 쉽다. 하지만 거기에서 몇 % 더 맛있는 커피를 만들기는 쉽지 않다. 균일성을 기본 목표로 잡고, 균일성이 충분히 높아지면 자신이 원하는 방향으로 조정을 하는 식으로 노력하는 것이 좋다. 하지만 균일성은 원두의 상태부터 커피의 분쇄, 추출의 조건 등 워낙 다양한 변수의 영향을 받으므로 쉽지 않다. 그러니 여러 추출 변수가 어떻게 상호작용을 하는지 잘 알아야 한다.

추출 수율이 중요한 이유

어떻게 커피를 잘 추출할 수 있을까? 맛에는 정답이 없다고 하니 그냥 많이 추출해 보면 될까? 그것도 방법이 될 수 있겠지만, 다양한 추출법을 잘 사용하려면 추출의 기본 이론을 아는 것이 좋다. 이론을 알면 개선의 방향을 좀 더 쉽게 찾아 시행착오를 줄일 수 있기 때문이다. 어떤 추출법을 사용하든 적용되는 기본 원리가 '수율'과 '농도'의 이론이다. 수율과 농도를 측정하고 이것을 쓴맛과 신맛 같은 맛의 변수와 연결하여 해석할지 알면 실력이 크게 느는 것이다. 추출의 목적은 높은 수율이 아니라 적정 수율의 맛있는 커피이다.

생두를 로스팅하면 맛뿐 아니라 물성도 완전히 달라진다. 커피콩의 상태는 부서지기 쉬운 다공성으로 변하여 추출이 쉬워진다. 그래도 추출할 수 있는 양은 제한적이다. 원두의 70% 정도가 갈락토만난 등 물에 녹지 않는 불용성 성분이고, 우리가 물에 녹여 추출할 수 있는 성분은 30% 정도다. 문제는 이 30% 모두 추출해서는 안 된다는 것이다. 보통 18~22% 정도를 추출하는 것을 목표로 한다. 만약 500g의 물을 사용하여 30g의 원두를 추출할 때 수율이 20%라면 원두의 80%인 24g은 커피박으로 버려지고, 커피에는 6g이 추출되어 농도가 1.2%가 된다.

커피의 수율을 확인하려면 추출한 커피에 포함된 고형분량을 확인해야 한다. 105℃로 설정된 오븐 건조기에서 커피를 건조하여 남는 양으로 고형분의 양을 측정하면 수율을 계산할 수 있다. 하지만 이런 방법은 과정이 번거롭고 시간이 오래 걸린다. 그래서 지금은 굴절계를 사용하여 농도를 측정하고, 수율을 환산하는 방식을 사용한다.

이렇게 추출 수율을 측정하는 것은 커피 맛의 일관성을 유지하는 데 기본이 된다. 수율을 알아야 과소 추출인지 과잉 추출인지 확인할 수 있다. 과소 추출은 수율이 목표보다 많이 적게 추출된 것이고, 과다 추출은 너무 많이 추출된 것이다. 과다 추출이면 물을 더 넣어 희석하고, 과소 추출이면 희석하는 물을 줄이면 될 것 같지만 이런 식으로 수율을 맞추면 향미가 해결되지 않는 경우가 많다. 과소 추출된 커피는 일반적으로 맛이 묽을 뿐 아니라 불쾌한 신맛이 난다. 과도하게 추출된 커피는 강렬한 쓴맛, 떫은맛, 불쾌한 뒷맛을 가지고 있다. 과소 추출이나 과다 추출이 되면 농도, 즉 맛의 진한 정도만 달라지는 것이 아니라 맛의 패턴도 달라지는 것을 이해하는 것이 핵심이다.

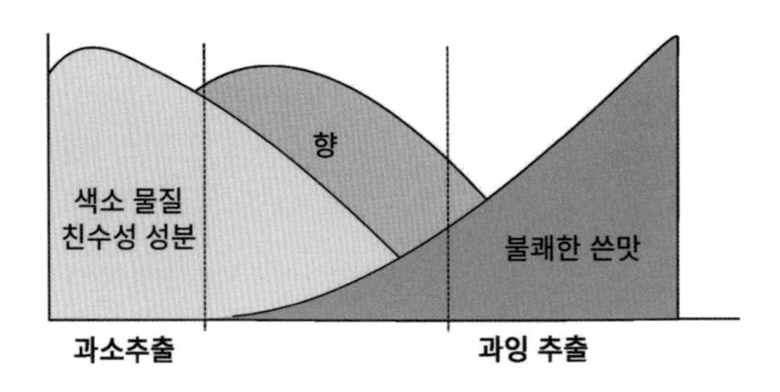

추출 시간에 따라 용해되는 성분의 변화

커피는 추출 시간에 따라 녹아 나오는 성분이 다르다. 처음에는 물에 잘 녹은 성분이 나오고 점점 물에 안 녹는 성분이 녹아 나온다. 그러니 앞부분만 선택해서 추출하여 뒷부분까지 길게 추출한 것은 아무리 농도를 갖게 맞추어도 그 맛이 다를 수밖에 없다.

그리고 이 수율에는 전체 수율뿐 아니라 세포 수준의 수율도 포함되어 있다. 모든 세포 단위로 균일하게 20% 추출된 것이 목표다. 작은 조각은 30% 전부 추출하고, 큰 세포는 10%만 추출하여 혼합된 20%의 느낌은 전혀 다르다. 크기와 무관하게 모두 20%를 추출하기 힘들기 때문에 추출이 어려운 것이다.

추출의 기본 목표는 균일성

만약 원두에 존재하는 성분들이 모두 맛이 좋다면, 무조건 가능한 많은 성분이 추출되게 하면 될 것이다. 원두를 가장 작게 분쇄하고 고온의 물을 사용하여 세포 안에 갇혀 있던 맛과 향 성분을 최대한 많은 성분을 뽑아내면 되는 것이다. 그런데 원두에는 맛에 부정적인 성분도 많아서 무작정 많은 추출을 하면 쓴맛 등 원하지 않는 성분이 과다하게 추출되어 좋은 커피가 되기 힘들다. 사람들이 원하는 바람직한 향미 성분을 최대한 추출하고, 원하지 않는 거친 쓴맛 물질 등은 최소한으로 추출되게 하는 것이 포인트다.

사실 커피의 추출은 쓴맛과의 투쟁이라고 할 수 있다. 소량의 쓴맛 성분은 커피의 산미와 조화를 이루고 향미를 높이기도 한다. 하지만 지나치게 많으면 견디기 힘들다. 문제는 쓴맛은 정말로 다양하다는 것이다. 단맛, 짠맛, 신맛, 감칠맛은 대부분 1가지 수용체로 감각하는데 쓴맛은 무려 25종의 수용체로 감지한다. 그만큼 자연에는 다양한 물질이 쓴맛으로 느껴지고, 역치마저 다른 미각에 비해 낮은 편이어서 아주 적은 양에도 민감하게 반응한다. 더구나 쓴맛에 아린 맛이 추가된 떫은맛은 소량으로도 선호도를 완전히 떨어뜨릴 수 있다.

만약 모든 성분이 물에 똑같은 정도로 녹는다면 이처럼 추출법이 다양하지 않았을 것이다. 다행히 우리가 아주 싫어하는 성분은 천천히 녹아 나오는 성질이 있다. 그러니 추출 조건을 잘 조절하면 원하는 성분은 최대한 뽑아내고, 원하지 않는 성분의 추출을 줄일 수 있다.

커피의 성분은 매우 복잡하고 성분별로 정확히 어떤 패턴으로 녹아 나오는지에 관한 자료는 없지만, 전체적인 경향은 안다. 저온에서는 모든 성분의 용해도가 떨어지지만, 쓴맛과 특히 커다란 크기의 떫은맛 성분의 용해도는 더 떨어진다. 단순히 쓴맛이 없는 커피가 목표라면 저온에서 추출이 유리하겠지만, 그만큼 향미가 떨어지기 쉽다. 온도가 높을수록 맛 성분도 잘 녹고 향기 성분도 잘 녹는데, 다행히 분자가 커서, 입안에 오래 남는 쓴맛과 떫은맛 물질이 용해도가 떨어진다. 그러다 온도가 92℃가 넘으면 급격히 녹아 나오는 경향이 있으므로 고온에서는 추출 시간을 짧게 해야 한다.

커피에는 달콤함을 부여하는 향도 많다. 이들 성분의 추출이 부족하면 먼저 녹아 나온 산미가 전체적인 향미를 지배하여 맛이 더욱 거칠고 쓰게 느껴질 수도 있다. 향은 물보다 기름에 잘 녹는 지용성이고 그나마 고온에서 잘 추출되는데 이런 고온에서는 쓴맛과 떫은맛 성분도 잘 녹아 나오는 영역이라 조심해야 한다.

추출 온도는 어떻게 커피 맛을 바꿀까?

물의 온도는 커피 추출의 중요 변수로 로스팅의 정도에 따라 달라져야 한다. 다크 로스팅을 하면 쓴맛 성분도 많이 만들어지고 추출도 쉽다. 그러니 온도가 너무 높으면 쓴맛이 과도해진다. 약한 로스팅일수록 쓴맛 성분은 적고 추출은 어렵다. 그러니 온도는 높여야 한다. 로스팅에 따라 온도를 아래 정도의 기준에서 조정해야 한다.

- 매우 라이트한 로스트: 95~100°C
- 라이트 로스트: 92~100°C
- 미디엄 로스트: 85~95°C
- 미디엄 다크 로스트: 80~90°C
- 다크 로스트: 80~85°C

온도가 높아지면 물 분자의 운동이 활발해지고, 향미 성분의 결합력도 느슨해져 녹이기 쉬워진다. 물의 점도도 온도가 높아지면 낮아져서 커피 입자 사이를 더 잘 파고든다. 그래서 물 온도가 높아질수록 여러 성분의 추출이 쉬워진다.

문제는 온도가 높아짐에 따라 녹는 정도가 성분에 따라 다르다는 것이다. 단맛이나 신맛 물질은 극성이 있어서 물엔 잘 녹는 편인데, 온도가 높아진다고 해서 떫은맛처럼 용해도가 크게 상승하는 것도 아니다. 콜드 브루처럼 커피를 매우 낮은 온도에서 장시간 추출하면 산미와 단맛은 거의 그대로 나타나지만, 일부 향과 쓴맛은 줄어든다. 그래서 같은 원두를 사용해도 콜드 브루 특유의 맛이 나는 것이다.

당류나 산류처럼 극성이 있는 성분은 친수성이라 온도가 낮아도 잘 녹지만 향기 물질처럼 극성이 낮은 친유성 성분은 온도가 높아야 어느 정도 녹는다. 향기 물질뿐 아니라 바디와 마우스필에 영향을 주는 지방 성분마저 더 많이 녹아 나온다.

떫은맛을 내는 성분은 분자량이 큰 것이 많고 그만큼 용해도가 낮은 편이다. 온도가 너무 높아 과잉 추출이 되면 쓰고 떫은맛이 나는 것은 이들 성분마저 녹아 나왔기 때문이다.

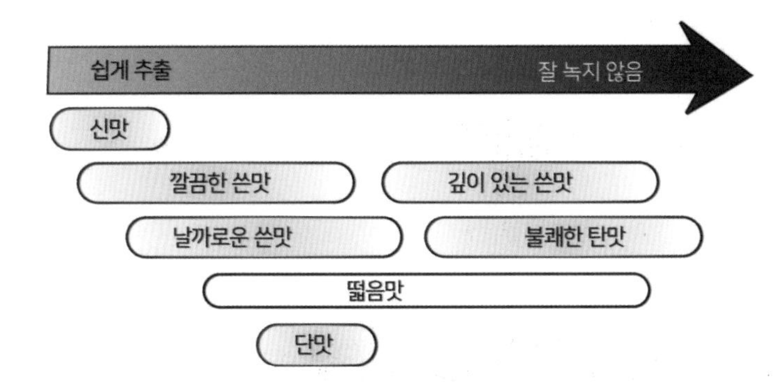

문제는 향기 성분이다. 커피의 향기 성분은 수십~수백 가지 성분으로 되어 있는데 원래 물보다 기름에 잘 녹는 성분들이 많다. 높은 온도에서 잘 녹지만 이때는 쓴맛 성분도 잘 녹고, 고온에서는 향기 물질의 휘발도 빨라진다. 모든 기체는 온도가 높아짐에 따라 용해도가 감소하는데 그만큼 휘발이 빨라진다. 추출 중에 향 성분이 공기 중으로 방출되고, 온도가 높아지면 그 현상이 더 가속된다. 그만큼 음료 안의 휘발성이 높은 향기 성분 농도는 줄어들 수밖에 없다.

커피는 점점 식으면서 향미가 계속 변한다. 그리고 우리의 후각이나 미각 같은 감각기관도 온도에 따라 감각 능력이 달라진다. 그러니 커피가 식으면서 느껴지는 맛이 점점 달라지는 것이다. 흔히 온도가 내려가면 산미는 더 느껴지고 향은 줄어든다고 알려져 있다. 뜨거울 때와 다른 향미가 느껴질 수 있다. 의도적으로 커피가 식어 가면서 느껴지는 변화를 느껴 보는 것도 좋은 경험이 될 수 있다.

추출 시간에 따라 맛이 달라지는 이유

추출에 따라 음료 안에서 맛 성분들 사이의 균형은 계속해서 달라진다. 커피의 향미 성분의 용해도가 각자 다르고 조건에 따라 달라지기 때문이다. 카페인, 설탕, 유기산처럼 용해도가 높은 성분들은 쉽게 추출되어 몇 초 만에 추출 수율이 90%를 넘어선다. 과소 추출된 커피는 이들처럼 물에 잘 녹는 성분들이 주도하고, 그 결과 음료 맛은 신맛이 주가 된다. 드립 커피의 경우, 추출에 들어간 첫 1분 안에 카페인의 90%가 추출되는 것으로 추정한다.

반대로 용해도가 낮은 성분들은 일정 시간이 지난 뒤에야 추출된다. 이런 유형의 성분으로 CGA, 페닐인데인(phenylindane), 페닐인데인 락톤 등이 있다. 이 성분들은 쓴맛이나 떫은맛을 낸다. 그중에서도 페닐인데인 같은 것은 추출 시간에 비례해서 점점 많이 추출되기 때문에 맛이 점점 쓰게 된다. 과잉 추출에서는 이렇게 용해도가 낮은 쓴맛, 떫은맛 성분이 더 많이 추출되어 맛의 균형 또한 달라진다. 음료가 처음의 단맛-신맛에서 점점 쓰고 거칠며 떫은맛으로 바뀌는 것이다. 그러니 적절한 시간이 지나면 추출을 멈추어 과잉 추출을 막아야 한다.

쓴맛은 성분에 따라서 품질 차이가 있다. 가볍고 금방 사라지는 쓴맛도 있고, 페닐인데인에 의한 쓴맛처럼 거칠고 입에 맴도는 쓴맛이 있다. 그러므로 쓴맛의 강도뿐만 아니라 특성도 중요하다.

에스프레소 추출을 할 때면 음료와 에스프레소 머신 주변에서 강렬한 향을 느낄 수 있다. 추출되는 향기 물질은 극성과 멜라노이딘 성분과 상호작용의 영향을 받는데 향도 시간에 따라 추출되는 양상이 달라진다. 향기 물질은 기본적으로 물보다 기름에 잘 녹는 성분이지만, 크기와 극성에 따라 물에 녹는 정도에 차이가 있다. 크기가 작고 극성이 큰 성분은 쉽게 물에 녹으며 추출 첫 단계에 바로 추출된다. 크기가 크고 극성이 낮을수록 추출되기까지 시간이 걸린다. 그래서 추출이 진행되면서 향기 물질의 성분 비율도 달라진다.

왜 커피 농도가 맛에 결정적 영향을 미칠까?

맛을 수치로 객관화하기는 불가능하지만 그래도 수율과 농도는 맛의 가장 의미 지표가 된다. 수율은 사용한 커피의 양 대비 추출된 성분의 비율이다. 바람직한 수율로 18~22%를 꼽는다. 수율이 18% 이하면 과소 추출이라고 하고, 물에 잘 녹는 성분만 추출되어 음료가 시큼한 경향이 있다. 22%보다 높은 수율일 경우 과잉 추출이라고 하는데, 쓰고 떫은맛까지 너무 많이 추출되어 불쾌한 느낌을 준다. 그렇지만 성분의 균형이 잘 맞거나, 강한 커피 맛을 좋아하는 사람에게는 이 범위보다 높은 수치 영역이 최적 추출일 수도 있다.

최적의 수율 범위는 일종의 가이드라인으로 현재 업계에서 널리 인정받고 있긴 하지만, 그렇다고 진리는 아니다. 커피의 품질, 추출 기법, 마시는 사람에 따라 달라지고, 이 범위 밖에서도 얼마든지 맛있는 커피가 나올 수 있다.

농도도 마찬가지다. 원두 양을 많이 하고 물을 적게 사용하면 진한 커피가 나오고 반대라면 연한 커피가 나오는 것은 당연하다. 그런데 농도에 따라 맛이 단순히 약해지거나 진해질 뿐 아니라 향조와 마우스필도 달라진다. 이처럼 맛에서 농도가 중요한 것은 역치와 관련되었다.

역치는 맛을 느끼는 최소 농도이며, 역치가 낮을수록 같은 농도에서 강한 맛을 낸다. 물질에 따라 역치가 다르고 농도에 따라 강도가 증가하는 정도도 다르다. 어떤 것은 역치는 낮지만 기울기도 낮아서 낮은 농도에서 제 역할을 하지만 고농도에서는 상대적으로 제 역할을 하지 못한다. 어떤 물질은 역치가 높아 소량으로 작용하지 못하지만, 기울기가 높아 양에 따라 급격히 강하게 느껴진다.

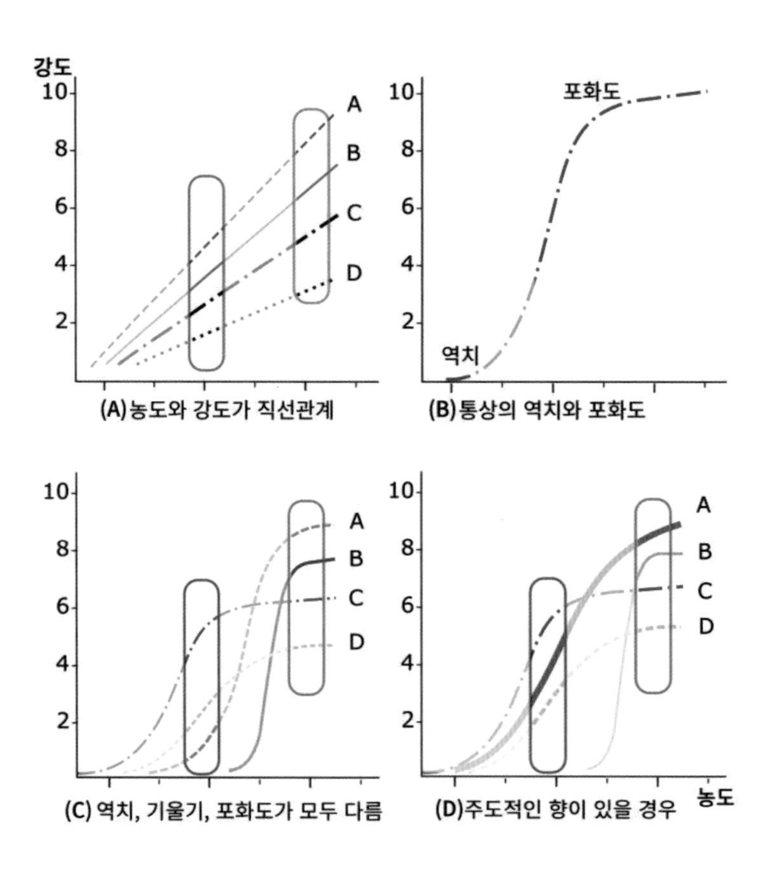

보통 향의 농도와 강도의 관계를 (A)처럼 직선적인 비례 관계로 생각하지만, 실제 우리의 감각은 (B)처럼 농도에 정비례하여 점점 강하게 느끼지 않고 S 자 형태로 나타난다. 농도가 역치 수준 이상에서 강도(관능 반응)가 천천히 증가하다가 기울기가 어느 정도 직선형 관계를 이룬다. 그러다 농도가 아주 높아지면 향미 수용체가 포화 단계로 들어서면서 농도가 증가하는 정도에 비해 강도의 증가율은 떨어진다(saturation zone).

모든 향미 성분은 이런 S 자 패턴을 보이는데, 물질에 따라 역치, 기울기, 포화도가 다를 뿐이다. 이것이 농도에 따라 단순히 맛의 강도뿐 아니라 향조마저 달라질 수 있는 이유이다.

커피에는 다양한 향기 물질이 있고 향기 물질마다 농도와 강도 패턴은 (C)처럼 제각각 다르다. 만약 향기 물질의 농도와 강도 패턴이 (A)와 같다면 희석해도 강도만 약해질 뿐 향조는 변하지 않을 텐데, (C)처럼 제각각이라 농도만 변해도 향의 강도뿐 아니라 향조마저 달라질 수 있다. 그래도 (D)처럼 한두 가지 주도적인 향이 있다면 향조가 일정할 텐데, 커피는 주도적인 성분이 없다. 그러니 커피의 추출 조건이 바뀌면 향 성분의 균형이 달라지고, 향조마저 달라질 수 있다. 그런 까다로움과 변덕스러움이 커피의 어려움이자 매력일 것이다.

이런 원리를 이용해 1. 쓴맛, 2. 신맛, 3. 단맛 성분을 가진 커피 음료의 관능 특성을 생각해 볼 수 있다. (E)처럼 커피의 농도가 너무 높으면 성분 1(쓴맛)은 제 기능을 하지만 성분 2는 포화농도에 가까워지고 성분 3은 포화농도라 제 성능을 발휘하지 못한다. 전체 관능 프로필에서 성분 3의 역할은 상대적으로 줄면서 성분 1의 역할이 강해져 맛의 균형이 무너지는 것이다. 이것은 과잉 추출이나 과도한 농도의 문제를 쉽게 설명한다.

(E)의 커피를 적정 농도로 희석하면 (F)처럼 성분 1의 쓴맛은 역치를 살짝 넘는 수준이고, 성분 2, 성분 3이 제 역할을 한다. 맛의 균형이 맞아지는 것이다. 적당한 농도로 희석하면 긍정적인 성분의 효과는 최대한 끌어내고, 쓴맛 같은 부정적인 농도는 충분히 낮출 수 있다. 이것을 (G)처럼 너무 희석하면 쓴맛과 함께 다른 긍정적인 성분의 농도도 너무 낮아지게 된다. 그래서 바리스타의 맛보기 능력은 정말 중요한 것이다.

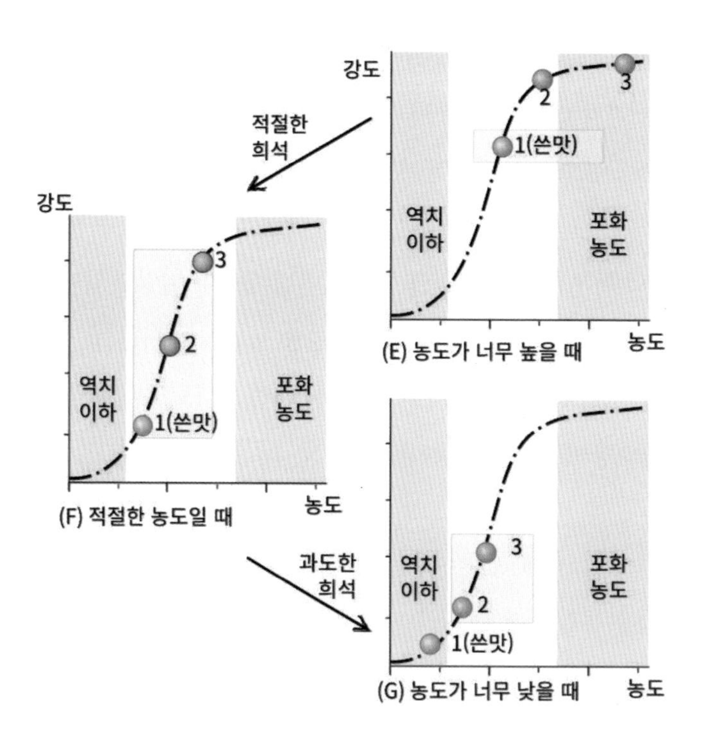

6.

커피의 향미를 더 잘 즐기는 방법

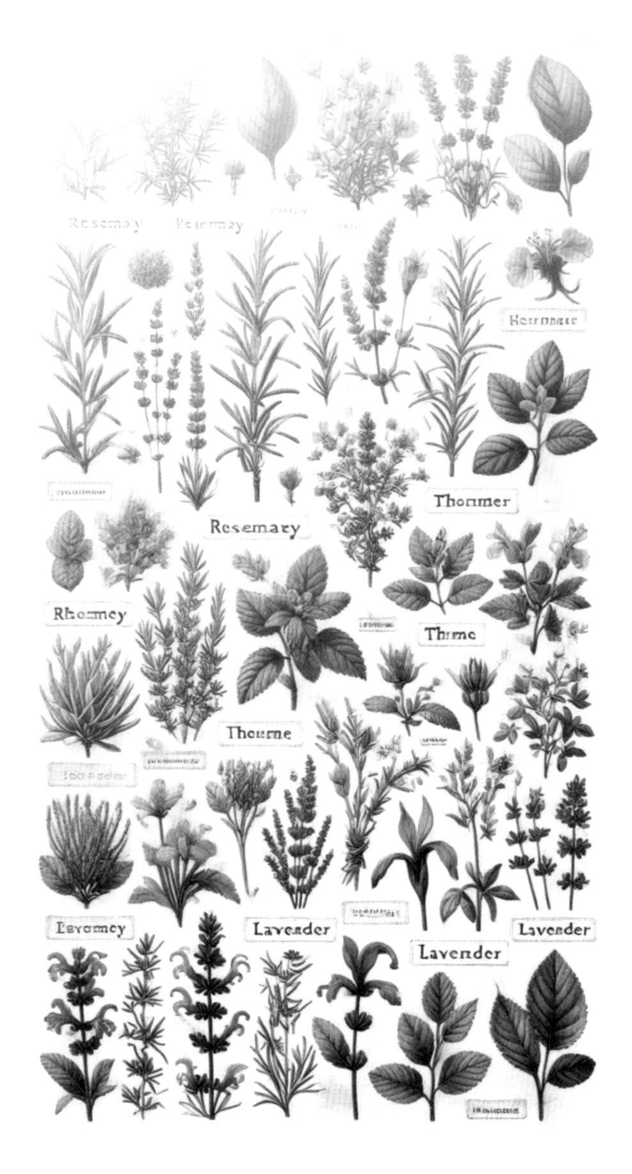

커피를 맛보는 방법

커피를 제대로 이해하려면, 먼저 그 맛을 알아야 한다. 과거에 커피 학원들은 자격증 취득에만 집중하면서 실제로 어떤 원두를 사용하는지, 그 원두가 어떤 맛을 내는지에 대한 깊이 있는 교육을 소홀히 했다. 그러나 최근에는 생두와 원두의 특성을 깊이 공부하고, 커피 테이스팅의 미묘함을 가르치는 곳이 점차 증가하고 있다.

음식을 맛있게 느끼는 능력은 일종의 초능력과도 같다. 같은 음식을 먹어도 누구보다도 그 맛을 섬세하게 느낄 수 있는 사람은 정말로 부러운 존재다. 이 능력을 개발하기 위해서는 세심한 관찰과 지속적인 훈련이 필요하다. 이런 훈련을 통해 어떤 레시피나 기술적 변화가 커피의 맛을 어떻게 향상시키는지를 쉽게 파악할 수 있다.

커피를 마실 때는 맛에 집중하고, 그 맛을 묘사할 수 있는 단어를 찾으려는 노력이 중요하다. 그러나 이 과정에서 너무 많은 세부 사항에 몰입하는 것은 피해야 한다. 과도한 집중은 때때로 커피의 단점에만 집중하여 전체적인 즐거움을 감소시킬 수 있다.

예를 들어, 요리할 때 음식의 완성도보다는 부족한 부분에 집중하게 되면, 손님이 음식을 칭찬할 때조차 자신은 만족할 수 없게 된다. 이는 커피

테이스팅에도 마찬가지로 적용된다. 너무 많은 디테일에 신경을 쓰는 것이 아니라, 때로는 그 넓은 향미의 세계를 자유롭게 탐험하며 즐기는 자세가 필요하다. 우리가 세상의 아름다움을 제대로 감상하기 위해서는, 때때로 불완전함이 필요하다는 사실을 잊지 말아야 한다. 완벽한 꽃향기도 그 안에 조금의 이취가 섞여 있을 때 깊이 있는 향기를 발산한다.

아로마 휠의 이해

원두 포장지에는 원산지, 생산자, 생산 지역, 품종, 가공법 등의 상세한 정보가 쓰여 있다. 이들은 커피의 품질과 독특한 특성을 알리는 데 중요한 역할을 한다. 특히, 특정 커피가 어떤 환경에서 자랐는지, 어떤 방식으로 처리되었는지에 따라 그 맛과 향이 크게 달라지기 때문에 이러한 정보는 소비자가 선택할 때 중요한 기준이 된다. 그리고 커피의 향미 설명으로 '블랙체리', '코코넛', '아몬드'와 같은 표현도 쓰여 있다.

이는 커피에 실제로 해당 과일이나 견과류가 첨가된 것이 아니라, 그 커피의 고유한 향미 프로파일을 설명하는 용어인데. 예를 들어, '블랙체리'라는 표현은 커피가 달콤하고 풍부한 과일 향을 지녔음을 의미할 수 있다. 그런데 일부 소비자들이 이러한 표현을 문자 그대로 이해하고 실제 과일이 들어 있는지 문의하는 경우가 종종 있다. 이는 향미에 대한 표현이 소비자에게 혼동을 줄 수 있다는 것을 보여 준다.

커피에는 코코넛, 체리, 아몬드 등이 들어 있지 않다. 이런 향기를 느끼는 것은 커피에 포함된 휘발성 화합물의 일부가 자신의 기억 속의 맛을 호출하는 능력 때문이다. 커피 한 잔에서 특정 맛을 '딸기'라고 묘사한다 해도, 실제로 그 커피에 딸기의 휘발성 화합물이 들어 있다는 의미가 아니다. 이처럼 향미 물질 자체는 객관적일 수 있으나, 그로부터 느껴지는 느낌은 매우 주관적이다. 커피 한 잔에서 복숭아를 연상하는 것이 다른 이들에게 이해되지 않는다 해도 그것은 틀린 것이 아니다. 우리의 뇌는 독특한 미각 경험과 패턴 인식을 통해 그 맛을 해석한다. 커피를 공부하는 가치는 커피를 마실 때 훌륭한 커피의 복잡하고도 아름다운 맛의 스펙트럼에 주의를 기울여 그 경험을 잘 포착하고 이해하는 능력을 키우는 데 있을 것이다.

향기 물질은 객관적이지만 그것으로부터 연상하는 맛은 지극히 주관적인 것이라 맛에 오답은 없다. 다른 사람은 자두를 떠올릴 때 자신은 매실을 떠올린다고 틀린 것은 아니다. 사람들의 뇌에는 그동안의 경험으로 구축된 독특한 미각 경험과 패턴 인식이 있고, 그것으로부터 나오는 뇌의 예측이 맛의 많은 부분을 차지한다. 그러니 느낌이 제각각일 수밖에 없다. 커피 한 잔이나 와인 한 잔을 다른 사람보다 더 정확하게 묘사할 수 있는 능력이 행복하게 해 주는 것이 아니다. 맛을 공부하는 진정한 가치는 당신이 좋아하는 맛, 당신이 좋아하는 경험을 이해하고, 훌륭한 커피 한 잔이 복잡하고 궁극적으로 아름답게 느껴지도록 만드는 풍미의 전체 스펙트럼에 주의를 기울일 수 있는 데서 나온다.

맛보는 능력을 키우는 데 비교 시음이 좋은 이유

커피 맛을 맛보는 능력을 키우는 효과적인 방법이 비교 시음이다. 비교 시음은 와인이나 위스키 등에서 인기가 있지만 커피에서는 상대적으로 드물다. 약간의 지도를 받으면서 비교 시음을 하는 것보다 실력 향상에 도움이 큰 것도 드물다.

비교 시음은 커피 두 잔만으로 할 수 있지만, 더 많은 잔을 마시면 도움이 된다. 하지만 초보자라면 동시에 5가지 이상의 다양한 음료를 맛보는 것을 권장하지 않는다. 그러다 길을 잃기 쉽기 때문이다. 이때 적절한 체크 시트를 활용하면 느낌을 포착할 수 있는 유용한 프레임워크가 될 수 있다.

같은 커피를 추출법만 달리하여 시음할 수도 있고, 같은 커피를 로스팅을 달리하거나, 산지가 다른 커피를 같은 추출법으로 비교해도 된다. 커피를 목적을 가지고 다르게 만들어 차이를 비교하는 것이다.

비교 시음을 할 때는 커피가 적당히 식혀야 한다. 우리 몸의 감각 수용체는 체온과 가까울 때 더 잘 작동하기 때문이다. 종종 커피 전문가들은 컵의 좋은 점과 나쁜 점을 완전히 경험했는지 확인하기 위해 실온으로 식을 때까지 커피를 맛보곤 한다. 남은 한 모금까지 맛있는 커피를 발견했을 때의 기쁨도 정말 크다.

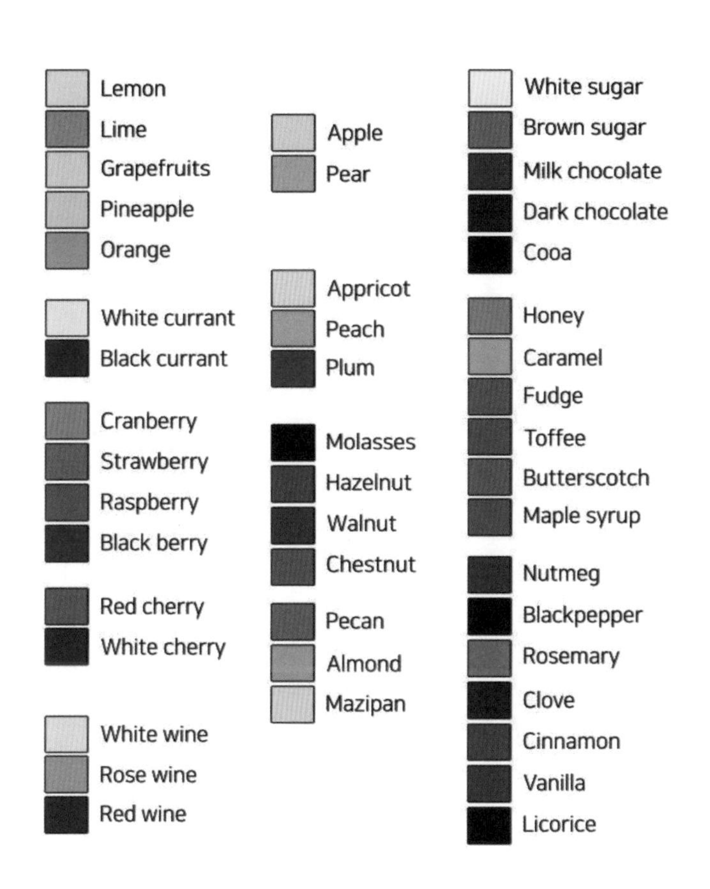
Lemon
Lime
Grapefruits
Pineapple
Orange
White currant
Black currant
Cranberry
Strawberry
Raspberry
Black berry
Red cherry
White cherry
White wine
Rose wine
Red wine
Apple
Pear
Appricot
Peach
Plum
Molasses
Hazelnut
Walnut
Chestnut
Pecan
Almond
Mazipan
White sugar
Brown sugar
Milk chocolate
Dark chocolate
Cooa
Honey
Caramel
Fudge
Toffee
Butterscotch
Maple syrup
Nutmeg
Blackpepper
Rosemary
Clove
Cinnamon
Vanilla
Licorice

테이스팅 시트를 활용하는 방법

테이스팅을 시작할 때는 간단한 버전의 체크 시트가 유용하다. 입으로 맛을 보기 전에 향을 체크하는 것은 커피 한 잔에 대한 첫인상을 포착하기 위한 것이다. 커피 향은 아마도 커피의 강력한 매력이고, 커피를 좋아하지 않는 사람들에게도 즐거움이 될 것이다.

시음을 시작하면 맛에 집중하게 된다. 산미는 커피의 가장 어려운 측면의 하나이다. 어떤 사람들은 산미가 커피에 부여하는 밝음, 상쾌함, 과즙을 좋아하고 어떤 사람은 그것을 불편해한다. 그래도 비교 시음에서는 당신이 그것을 얼마나 좋아하는지에 집중하지 말고 단지 첫 번째 컵이 얼마나 산미가 있는지 주의를 기울이고 두 번째 컵과 비교하면 된다. 어느 것이 더 신맛인지, 큰 차이가 있는지, 시큼한지, 상큼하고 즐거운 것인지 등을 체크한다. 차이점을 이해한 것 같으면 다른 속성에 집중하기 시작한다. 어떤 컵이 더 달콤하게 느껴지는지 그런 다음 두 컵의 바디감에 집중할 수 있다.

마무리는 삼켰을 때 커피가 입안에서 어떤 느낌을 남기는지에 관한 것이다. 뭔가 남은 느낌인지 아닌지 후미가 기분 좋은 느낌을 남기는지 아니면, 입에 남는 맛을 없애기 위해 물 한 잔에 손을 뻗고 있는지 등이다.

다음 향으로 넘어갈 수 있다. 먼저 향에 대한 넓은 카테고리를 사용하여 시작한다. 커피에 과일향이 있는가? 견과류 맛이나 초콜릿 맛이 있는가? 그냥 볶은 커피 맛 같은 느낌인가? 먼저 넓은 카테고리를 생각하고 구체적으로 파고든다. 과일이라면 어떤 과일이 생각나는가? 감귤류의 신맛인가? 사과의 아삭함인가?

시음이 끝나면 어떤 커피를 좋아했고 그 이유는 무엇인지 더 생각해 볼 가치가 있다. 커피를 마시며 어떤 점이 좋았나요? 이런 식으로 맛을 자주 볼수록 자신이 즐기는 커피의 맛 프로필을 더 잘 이해하게 되고, 이는 매일 아침 정말 즐겨 마시는 커피를 구매하는 적중률을 높이는 데 도움이 된다.

커피에도 단맛 물질이 많나요?

커피 한 모금을 머금었을 때, 입안에 가득 퍼지는 단맛은 행복 그 자체이다. 사람마다 이 단맛을 느끼는 정도는 다르다. 어떤 이는 잘 익은 과일의 단맛을, 다른 이는 초콜릿이나 캐러멜의 단맛을 느낄 수 있다. 온도에 따라서도 단맛의 느낌이 달라질 수 있다. 그리고 이런 커피의 단맛은 결코 감미료로 해결할 수 없는 맛이다. 단순히 단맛만을 좋아한다면 사탕, 꿀, 설탕을 선택할 수도 있겠지만, 커피에서 느껴지는 단맛은 결코 그런 것이 아니다. 단맛은 실체가 참 미스터리한 존재이다.

요즘 제로 칼로리 음료가 대유행이다. 술마저 무설탕을 광고하는 제품이 등장했다. 알코올이 7㎉로 설탕 4㎉보다 훨씬 열량이 높고 알코올이 설탕보다 훨씬 건강에 해로운데 그렇다. 한편 아메리카노는 이미 제로 칼로리 음료라 할 수 있다. 커피의 추출 성분이 1% 전후이고 그것의 절반 정도가 섬유소 등 칼로리가 없는 성분이라 칼로리를 걱정할 필요가 없다. 그런 아메리카를 마시면서 사람들은 단맛이 좋다고 말하는 경우가 많다. 아메리카노에는 단맛을 느낄 만한 당류가 없는데 왜 단맛이 좋다고 하는 것일까?

첫 번째 원인은 향기 물질일 것이다. 커피를 로스팅하면 캐러멜 반응과

메일라드 반응이 일어난다. 이 반응을 통해 무색무취한 당에서 놀랍게 다양한 향기 물질이 만들어진다. 생두에 가장 많은 당류는 설탕(Sucrose)인데 이것이 순식간에 분해되어 사라지면서 다양한 풍미 물질과 색소 물질로 바뀌는 것이다. 그래서 로스팅을 마친 원두에는 당류가 대부분 사라진다. 그러니 커피의 단맛은 당류가 있어서 느껴지는 것이 아니라 향기 성분의 역할이 크다. 미각으로 느껴지는 단맛이라면 코를 막는다고 그 강도가 낮아지지 않는데, 향에 의한 단맛이면 코를 막으면 그 강도가 약해진다. 만약에 당류에 의한 맛이라면 로스팅을 적게 할수록 당류가 많이 남아 있으니 단맛이 좋다고 해야 할 것인데, 가장 활발하게 캐러멜과 메일라드 반응이 왕성할 정도로 로스팅한 원두의 단맛이 좋다고 한다.

커피 단맛의 두 번째 원인은 '맛있음, 마음에 듦' 그 자체일 것이다. 사람들은 달면 맛있다고 하지만, 맛있으면 단맛 물질이 없어도 달다고 느끼는 경우가 많다. 소금이 맛있으면 '달다'라고 하고 맛없으면 '쓰다'라고 한다. 위스키가 맛있어도 '달다'라고 하고, 회가 맛있어도 '달다'라고 한다. 심지어 무미 무취의 물도 맛있으면 '달다'라고 한다. 운동 후에 들이켜는 시원한 물이나 짠 음식을 먹고 계속해서 갈증이 날 때 마시는 물은 '아주 맛있다'는 생각이 들고, 그럴 때 대부분의 사람은 '물이 달다'라고 느낀다. 생각보다 감각과 지각의 경계는 얇다. 무서운 영화를 볼 때 심장이 두근거리고 저절로 식은땀이 난다. 그리고 식은땀과 심장의 두근거림 때문에 더 무섭게 느껴진다. 울어서 슬픈 것인지, 슬퍼서 운 것인지 그 경계가 약한데 맛에서도 그렇다. 달아서 맛있는지, 맛있어서 단 것인지 그 경계도 매우 얇다.

신맛과 산미의 차이는 뭔가요?

커피의 pH는 4.5~5이다. 시지 않고 달콤한 배의 pH가 4.3, 맛있는 김치의 pH 3.7 정도에 비해 시지 않은 편이다. 콜라의 2.5에 비하면 100배나 약한 것인데 왜 사람들은 커피의 신맛에 그렇게 민감한 것일까?

우리가 느끼는 신맛은 pH보다 산도와 밀접한 관계가 있기 때문이다. 과일에 흔한 유기산의 경우 농도에 따라 해리되는 정도가 달라 실제 유기산의 함량에 비해 pH가 높게 나오는 경향이 있다. 콜라는 인산과 같은 강산이라 산의 양에 정비례하여 pH가 낮아진다. 커피는 확실히 과일의 하나이고 다양한 유기산 성분이 포함되어 있다.

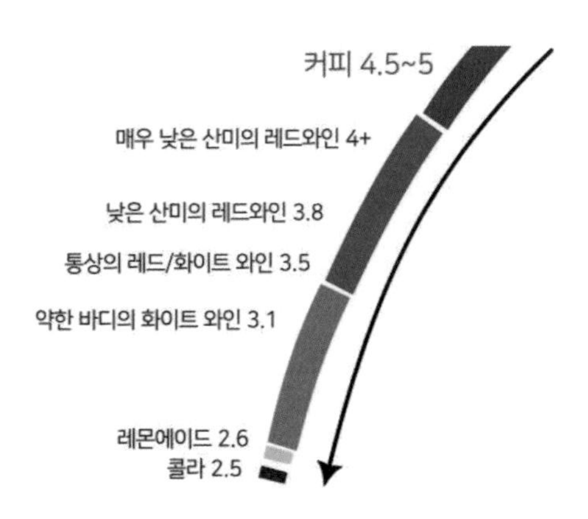

커피의 유기산이 주는 신맛은 많은 사람을 곤혹스럽게 만든다. 전문가들은 산미 있는 커피를 선호하는 반면, 일반인들은 낯설어하는 경우가 많다. 그래서 스페셜티 커피에서는 '신맛' 대신에 '산미'라는 중립적인 용어를 사용한다. 신맛이라고 하면 부정적인 느낌을 줄 수 있기 때문이다. 왜 커피 전문가들은 산미 있는 커피에 대해 이렇게 열정적일까? 적당한 산미는 커피의 향미를 풍부하게 하며, 기분 좋은 청량감을 제공하기 때문이다. 사실, 과일주스에 적절한 유기산이 없다면, 그저 단맛만 남게 되어 먹다 보면 금방 질릴 수 있다. 산미는 음식의 향미를 더욱 생동감 있고 인상적으로 만들어 준다.

강한 로스팅 과정에서는 열에 약한 성분들이 휘발하거나 파괴되기 쉬우며, 내열성이 강한 피라진이나 페놀 같은 성분들 위주로 남게 된다. 그래서 원두 고유의 향미 특성은 줄어들고 커피의 맛이 비슷해져 버린다. 이때 신맛도 감소한다. 따라서 스페셜티 커피에서는 로스팅 정도를 약하게 원두 고유의 맛을 좀 더 살리려고 한다. 이때는 산미가 남아 있고 다른 향미 성분과 결합하여 커피를 더욱 화려하고 생동감 있게 만든다. 하지만 그런 향미에 별 관심이 없고 강배전의 구수한 맛을 좋아하는 사람은 산미가 거슬리게 작용할 수 있다.

개인의 취향, 나이, 성별, 심지어 민족에 따라 산미의 선호도는 크게 다를 수 있다. 같은 사람이라도 상황에 따라 선호하는 맛이 달라질 수 있다. 예를 들어, 어떤 이는 과일의 신맛을 좋아하면서 커피의 신맛은 기피할 수 있다. 이렇듯 신맛은 그 자체로 많은 논쟁을 불러일으키며, 모든 사람을 만족시키기 어렵다. 더욱이 신맛은 쓴맛 다음으로 민감하게 반응할 수 있는 감각이므로, 매우 적은 차이에도 크게 느껴질 수 있다. 이는 요리에서도 마찬가지로, 요리사가 신맛을 적극적으로 활용하고 싶어도 개인차가 심해 한 번에 모두를 만족시키기는 쉽지 않다는 점에서 큰 도전이 될 수 있다.

PART II
커피를 알아 가는 즐거움

1.

나의 취향에 맞는 원두 고르기

스페셜티 커피는 왜 이름이 길까?

커피 포장지에 표시된 커피의 이름이 길어진 것은 커피의 고유한 특성과 품질을 강조하기 위함이다. 각 이름에는 원산지, 품종, 가공 방식 등 다양한 정보가 포함되어 있다. 그리고 원산지는 커피가 재배된 특정 국가, 지역, 심지어는 농장까지 구체적으로 언급하여 그 지역의 독특한 기후와 토양이 커피의 풍미에 미치는 영향을 강조한다. 이것은 투명성 및 추적성과도 연결된다. 사실 우수한 커피를 구매하는 좋은 방법이 추적성을 이용하는 것이다. 언제, 어떤 농장에서, 어떻게 만들어진 것인지 정보가 있는 커피를 구매하는 것이다. 믿을 만한 공급처를 찾는 것보다 효과적으로 좋은 커피를 구하는 방법도 드물다. 커피가 특정한 장소, 즉 농장과 가공법을 상세히 밝힐 정도라면 품질이 좋을 가능성이 높다.

그리고 이러한 정보는 커피의 테루아, 즉 그 지역 특유의 자연환경과 그것이 최종 제품에 미치는 영향을 이해하는 데 중요하다. 커피의 품종을 명시하는 것은 아라비카, 로부스타 등 커피 품종별로 다양한 맛과 향의 특성을 가지기 때문이다. 각 품종은 독특한 향미 프로파일을 제공하며, 소비자는 이 정보를 통해 선호하는 맛을 찾을 수 있다.

농장주의 이름을 포함하는 경우도 있는데 그 커피가 어떤 사람에 의해 재배되었는지, 그리고 그 농장주의 재배 방식과 철학이 커피 품질에 어떻게 영향을 미쳤는지를 보여 준다. 이는 브랜드 스토리텔링의 일환으로, 소비자가 생산자의 노력을 인정하고 감사할 수 있게 한다.

커피의 가공 방식(내추럴, 워시드, 허니) 등을 명시하는 것은 이러한 각각의 처리 과정이 커피의 맛과 향에 결정적인 영향을 미치기 때문이다. 가공 방식에 따라 커피의 맛이 크게 달라질 수 있으며, 특정 가공 방식을 선호하는 소비자들에게 필수적인 정보가 된다.

커피의 등급은 그 커피의 품질 수준을 나타내며, 등급은 각 원산지별로 다양하게 적용한다. 등급 시스템은 일반적으로 커피의 크기, 모양, 밀도, 색상 및 결점의 유무를 기준으로 평가한다. 이처럼 스페셜티 커피 이름에 포함된 다양한 요소들은 커피의 특성과 기원을 명확하게 설명하고, 소비자가 더 정보에 근거한 선택을 할 수 있도록 하며 스페셜티 커피 시장의 투명성과 신뢰성을 높이는 데 기여한다. 결국 스페셜티 커피가 긴 이름을 갖는 이유는 해당 커피가 특별하고 고품질임을 강조하기 위함이다. 다음은 포장지에 표시된 예다.

- **콜롬비아 후일라 라 카테드랄 카투라 풀리 워시드 호르헤 멘데스 AA (Colombia Huila La Catedral Caturra Fully Washed Jorge Mendes AA)**
  콜롬비아의 후일라 지역에서 호르헤 멘데스가 생산한 카투라 품종의 풀리 워시드 방식 커피다. AA 등급은 뛰어난 품질을 나타내며, 깨끗한 산미와 꽃향기가 특징이다.

- **에티오피아 시다모 게데브 헤리르 G1 내추럴**

  (Ethiopia Sidamo Gedeb Heirir G1 Natural)

  에티오피아의 시다모 지역, 게데브에서 헤리르 품종을 사용한 내추럴 가공 방식으로 생산된 커피이고 G1 등급으로, 강렬한 베리 향과 달콤한 초콜릿 노트를 제공한다.

- **브라질 세하도 두 솔 부르봉 에스프레소 블렌드 워시드 파울로 세하도 G1**

  (Brazil Serrado do Sol Bourbon Espresso Blend Washed Paulo Serrado G1)

  브라질 세하도 지역에서 파울로 세하도가 생산한 부르봉 품종의 워시드 방식 에스프레소 블렌드 커피다. G1 등급으로, 진한 바디와 부드러운 캐러멜, 견과류 향이 특징이다.

- **과테말라 안티구아 벨라 비스타 카투라이 허니 오스카르 모랄레스 AA (Guatemala Antigua Bella Vista Catuai Honey Oscar Morales AA)**

  과테말라 안티구아의 벨라 비스타 농장에서 오스카르 모랄레스가 생산한 카투라이 품종의 허니 가공 방식 커피이며 등급은 AA, 향미 특징은 부드러운 바디와 허브, 꿀 향기이다.

- **탄자니아 음베야 킬리만자로 페베리 선 드라이드 마사이 G1 (Tanzania Mbeya Kilimanjaro Peaberry Sun Dried Masai G1)**

  탄자니아 음베야 지역의 킬리만자로에서 마사이 부족이 생산한 페베리 품종의 선 드라이드 방식 커피이다. G1 등급으로, 강한 풍미와 함께 과일과 꽃향기가 농밀하게 어우러진 맛을 제공한다.

- **인도네시아 스마트라 만델링 게이요 트리플 픽 워시드 스타로스 게이요 G1 (Indonesia Sumatra Mandheling Gayo Triple Pick Washed Staros Gayo G1)**

  인도네시아 스마트라 섬의 만델링 지역에서 생산된 게이요 품종의 워시드 가공 커피다. 스타로스 게이요 농장의 트리플 픽 방식으로 선별된 최고 등급의 커피로, G1 등급을 받았다. 이 커피는 진한 바디와 흙, 다크 초콜릿의 깊은 향을 제공한다.

- **케냐 나이로비 카가로 SL28 선 드라이드 저먼 카가로 AA (Kenya Nairobi Kagaro SL28 Sun Dried Jerman Kagaro AA)**

  케냐 나이로비 지역의 카가로 농장에서 생산된 SL28 품종의 선 드라이드 방식 커피이며. 저먼 카가로가 관리하는 농장의 AA 등급 커피로, 생동감 넘치는 산미와 함께 블랙커런트와 라즈베리의 과일 향이 느껴지는 커피다.

- **베트남 라마단 롱 아일랜드 에스프레소 블렌드 로부스타 허니 레 황 G1 (Vietnam Lam Dong Long Island Espresso Blend Robusta Honey Le Huang G1)**

  베트남 라마단 지역에서 생산된 롱 아일랜드 블렌드의 로부스타 품종, 허니 가공 방식 커피로 레 황이 관리하는 농장의 G1 등급 커피로, 로부스타의 특성인 강한 바디와 쌉싸름한 맛, 그리고 허니 가공이 추가한 달콤한 풍미가 조화롭게 어우러진다.

명예의 전당에 오른 커피는 어떤 커피일까?

명예의 전당에 오른 커피는 주로 특별한 품질과 독특한 맛을 가진 커피를 지칭한다. 특별한 조건에서 재배된 원두들이 정밀하게 로스팅되고 정성스럽게 추출된 커피다. 명예의 전당에 오르기 위해서는 다양한 기준이 고려되며, 그중에서도 아래와 같은 몇 가지 기준이 주로 포함된다.

1. 품질: 명예의 전당의 커피는 높은 품질을 유지해야 한다. 원두의 신선도, 가공 방식, 로스팅 기술 등이 탁월한 수준이어야 한다.
2. 고유한 특성: 명예의 전당에 오른 커피는 특별한 풍미나 특성을 가져야 한다. 이는 품종, 지역(미세 기후), 특정 가공 방식 등으로 나타날 수 있다.
3. 출처와 이력: 명예의 전당에 오른 커피는 출처와 이력에 대한 투명성을 유지해야 한다. 원두의 생산지, 농장 정보, 재배자의 노력 등이 중요한 역할을 한다.
4. 평가와 인정: 명예의 전당은 종종 커피 평가 전문가들이 평가한 결과를 반영한다. 국제적인 커피 평가 대회나 상을 획득한 커피는 명예의 전당에 오를 가능성이 높다.

5. 지속 가능성과 윤리: 명예의 전당에 오른 커피는 지속 가능한 농업 및 생산 관행과 윤리적인 가치를 존중해야 한다.

명예의 전당에 오른 커피는 커피 업계에서 최상의 품질과 독특한 경험을 제공하는 원두들을 대표한다. 너무나 당연한 말이지만 훌륭한 원재료 없이는 훌륭한 커피 한 잔이 존재할 수 없다. 세상의 어떤 기술과 장비로도 원두의 한계를 극복할 수 없다. 그런데 무엇이 '좋은' 커피인지는 명확하지 않다. 커피는 한 가지 원료이지만 일단 파고들면 엄청난 다양성이 있기 때문이다.

내가 지불한 커피 가격에 포함된 비용은?

생두나 원두는 어느 정도가 적절한 단가일까? 커피가 비싸게 느껴질 때도 있지만 사실 지금처럼 쉽게 커피를 구할 수 있다는 것은 매우 놀라운 일이다. 수천 마일 떨어진 곳에서 자라는 열대 식물의 작은 씨앗이 수확, 가공, 분류, 수출, 로스팅, 포장 등의 과정을 거쳐서 집까지 배달되었기 때문이다. 그래도 가능하면 저렴하게 좋은 품질의 원두를 구매하고 싶을 것이다.

생산자에게 좋은 가격으로 보답하는 것이라는 생각이 가격에 대한 마음을 조금은 가볍게 할 수 있을 것이다. 스페셜티의 시작은 원래 커피 생산자의 보호에 있었다. 생산비를 건지기도 힘든 열악한 생산 환경에서 품질이 좋은 커피에는 프리미엄을 지불하여 생산자를 보호하려고 한 것이다. 물론 최고급 스페셜티 커피에 프리미엄을 지불한다고 곧바로 커피 산업의 불의가 해결되지는 않고, 개별 농부에게 변화도 즉시 일어나지 않는다. 그러나 그것이 변화의 시작이다. 그리고 그것이 지속되려면 가격에 맞는 품질이 제공되어야 한다. 비쌀수록 품질이 더 좋아야 하는 것이다.

가격에 대한 만족도는 맛에서 오는데 생두의 맛에는 어떤 요인이 있는지 파악하고, 자신의 취향에 맞는 원두를 잘 파악하는 것이 자신이 지불한 가격에 대한 만족도를 높이는 핵심 능력일 것이다. 생두의 특징은 생산국, 품종, 가공법, 로스팅에 따라 달라진다.

- 생산국: '생산국'을 통해 대략적인 맛의 특징을 알아본다.
  남미(브라질, 콜롬비아 등)
  중미(파나마, 과테말라 등)
  아프리카(에티오피아, 케냐 등)
  동남아시아(인도네시아 등)
- 품종: 커피는 식물. '품종'에 따라 맛이 바뀐다.
  '테루아르×품종'이 유일무이한 맛을 낸다.
- 가공법: 점점 차별화의 결정적 수단이 되고 있다.

나의 취향에 맞는 향미는?

원두를 구매하면 포장지에 재스민, 살구, 시나몬, 초콜릿 같은 플레이버 노트가 적혀 있는 경우가 많다. 문제는 이것을 이해하는 데는 상당한 노력이 필요하다는 것이다. 커피에서 그런 향미를 바로 느낄 수 없기 때문이다. 차라리 새로운 언어를 배우는 것이라고 생각하는 것이 나을 것이다. 향미 노트를 통해 맛을 보지 않고도 커피 맛을 이해할 수 있을 정도로 커피 맛을 온전히 설명할 수는 없지만 그래도 비교 시음 등을 통해 용어에 익숙해질수록 향미 노트를 통해 커피 맛을 더 잘 상상할 수 있게 된다.

- 산미: 산미는 매우 어려운 주제다. 어떤 사람들은 커피의 산미를 좋아하지만, 어떤 사람들은 상당히 불편해한다. 적당한 산미가 스페셜티 커피를 특별하게 만드는 요소 중 하나라고 주장하고, 그것이 만족스러우려면 균형이 잘 잡혀 있어야 한다. 균형이 맞지 않은 신맛은 고통이 될 수 있다.
- 바디감: 커피를 마시는 느낌은 중요하다. 커피는 가벼울 수도 있고 차와 비슷할 수도 있고, 무겁고 풍부할 수도 있으며, 그 사이의 모든 것이 될 수도 있다.

- 과일 맛: 수확 후 과정에서 다루었듯이 스펙트럼의 한쪽 끝에는 발효된 과일 맛이 있다. 커피를 마시는 사람 중 상당수는 이러한 맛을 싫어하지만, 비슷한 규모로 이 맛을 아주 좋아하는 사람이 있다.
- 시트러스 과일 맛: 라벨에 베리 과일, 이과(사과, 배 등) 또는 감귤류가 보이면 상대적으로 높은 산도를 기대할 수 있다. 이 커피는 꽤 달콤할 것 같지만, 산미를 싫어한다면 이러한 맛이 향미를 설명하는 주요 설명어가 된다면 주저할 것이다.
- 열대 과일 맛: 여기에 딸기와 블루베리도 포함하고 싶지만, 망고, 리치, 파인애플 등은 커피의 발효 맛을 나타낼 가능성이 높다. 이런 종류의 커피는 바디감이 좀 더 무거운 경향이 있다.
- 조리된 과일 맛: 잼, 젤리 또는 파이(예: 체리 파이)와 같이 조리되거나 가공된 과일에 대한 언급이 있는 경우 이러한 커피는 약간의 산미가 있는 경향이 있지만 그다지 지배적이지는 않는다. 이러한 커피는 종종 더 산성인 커피보다 약간 더 풀바디하다.
- 브라우닝 풍미: 로스팅 중 갈변 반응에서 나오는 풍미에는 다양한 범주가 있다. 초콜릿, 견과류, 캐러멜, 토피 등을 라벨에서 자주 볼 수 있다. 과일이 없는 상태에서 이것을 본다면 상대적으로 산도가 낮을 것으로 예상되며 이러한 커피는 종종 미디엄 바디에서 풀바디까지다.
- 쓴맛: 다크 로스팅의 경우 더 스모키한 맛, 다크 초콜릿 또는 때로는 당밀과 같은 맛이 나타날 수 있다. 산미는 없지만 앞쪽과 중앙에는 쓴맛이 더 많은 묵직한 바디감을 기대할 수 있다.

나에게 맞는 로스팅의 정도는?

스페셜티 커피가 등장하면서 로스팅의 스타일도 많이 바뀌었다. 지난 20년 동안 로스팅의 트렌드는 라이트한 쪽으로 상당히 바뀐 것이다. 여기에는 아마도 몇 가지 이유가 있을 것이다. 많은 소규모 로스터리 회사들이 특정 커피에 대한 각각의 이상적인 로스팅 프로필을 찾으려 노력했고, 대규모 회사의 다크 로스팅 스타일에 대한 차별화의 노력도 포함되어 있다. 로스팅은 커피 맛에 극적인 영향을 미친다. 커피를 강하게 로스팅할수록 일반적인 로스팅 향미라고 불리는 풍미가 더 많이 생성된다. 그러다 결국 더 거칠고, 더 탄 맛이 나는 맛으로 변하며 쓴맛의 증가와 관련이 있다. 그리고 산미는 감소한다. 산미는 항상 커피에서 핫한 이슈이며 더 높은 고도에서 재배된 커피는 더 천천히 자라며 밀도가 더 높다. 종종 향이 더 복잡하고 단맛을 더 잘 내는 능력이 있다. 또한 밀도가 높고 단단한 생두가 로스팅의 과정에서 풍부한 산미를 유지하는 경향이 있다.

좋은 로스팅은 단맛, 신맛, 쓴맛과 향미의 균형이 좋은 것인데, 그 어느 지점이 균형이 가장 좋은지에 대해서는 모두가 동의하는 지점을 찾기는 어렵다. 그래서 미디엄 로스팅이 무엇인지에 대해 정확한 합의가 어렵다.

나의 취향에 맞는 프로세싱 타입은?

스페셜티 커피 봉지에는 여러 정보가 표시되어 있는데 대부분 수확 후 거친 프로세스에 대한 정보가 있다. 우리가 즐기는 것은 커피의 과육이 아니고 속씨다. 수확 후 과육을 제거해야 하는데 과육은 펙틴으로 인해 점성이 있어서 깔끔하게 제거하기 힘들다. 그래서 국가별 기후 환경에 따라 다양한 프로세싱 방법이 개발되었다.

커피의 원산지인 아프리카는 건기에 수확하고 건조함으로 통째로 시간을 두고 말릴 수 있다. 말린 후에는 펙틴의 점성이 사라지므로 쉽게 과육을 껍질과 함께 분리할 수 있다. 하지만 많은 나라는 건기가 짧아서 통째로 말리다가는 생두가 변질되기 쉽다. 그래서 빠른 시간에 말리는 방법을 찾게 되었는데 그 방법이 두툼한 과육을 제거하고 말리는 것이다. 이때 펙틴의 점성이 문제인데 발효를 통해 펙틴을 분해해야 한다. 발효의 과정에서 좋지 않은 변화가 일어나기 쉬워 이러한 품질 변화를 최소화하기 위해 노력했다. 과육을 제거하고, 간단한 발효를 통해 씨앗에 달라붙은 과육을 분해한 후 깨끗이 씻어서 건조하는 워시 공정은 발효된 맛이나 '이취'를 최소화하는 데 중점을 두었다.

내추럴 건조는 비가 오지 않는 지역에서 가능하며 과일을 통째로 햇볕에 건조하면 화학 반응이 통제되지 않아 발효된 과일 맛이 생성될 수 있다. 어떤 사람들은 이러한 맛을 좋아한다. 어떤 사람들은 이러한 맛이 불쾌하다고 생각한다. 그래서 워시드 가공을 더 좋아하기도 한다. 그리고 이 두 가지 방법의 절충인 커피에 더 많은 과일 과육이 남기는 다양한 가공 방법이 개발되었다. 커피의 가공법이 가장 핫한 주제가 된 것이다.

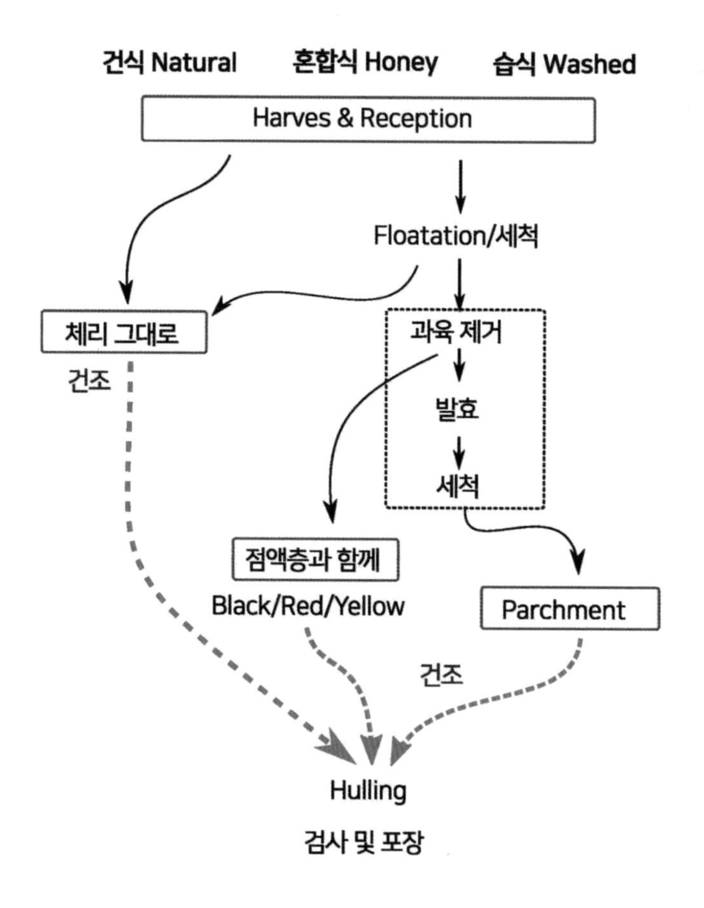

나의 취향은 싱글 오리진 or 블렌디드?

커피의 원두별로 특성과 장단점이 다르다. 이 경우 단점을 보완하는 식으로 원두를 혼합하여 더 좋은 품질을 구현할 수 있다. 산지별, 품종별로 향미 잠재력이 다양하고 물리적 속성도 다르므로 제품 개발 기술만 충분하다면 블렌딩의 가능성은 무궁무진하다. 이때 중요한 결정이 블렌드를 하고 나서 로스팅하는가(사전 블렌드), 개별로 로스팅한 것을 조합(사후 블렌드)하느냐이다.

- **사전 블렌드**: 대규모 로스팅에서는 대개 사전 블렌드 방식을 쓴다. 블렌드를 구성하는 재료를 모아 한 번에 로스팅하는 것이다. 이 방식은 작업이 간단하고 비용이 절감되는 장점이 있지만, 생두마다 품종의 특성(크기, 모양, 함수율, 밀도 등)이 나르기에 적합한 로스팅 정도가 상당한 차이가 날 수 있다.
- **사후 블렌드**: 아라비카와 로부스타는 로스팅에 따른 변화 양상이 상당히 달라서 각각 로스팅하는 것이 바람직한 경우가 많다. 또한 어느 한 재료의 향미 특성을 강조하거나 생두의 특성에 맞게 로스팅하기 위해 개별적으로 로스팅해야 할 수도 있다. 이런 방식은 고품질

제품에서 더 일반적이며, 보관 시설이나 별도의 혼합 장치가 필요하므로 작업은 더 복잡하다.

한편 커피에서는 단일 산지의 커피콩을 볶는 방식이 점점 인기를 끌고 있다. 이것은 위스키의 싱글 몰트의 인기가 높아지는 것과 같은 현상이다. 싱글 몰트는 싹을 틔운 곡물, 그중에서도 보통은 맥아(보리)를 원료로 하여 단일 증류소에서 만든 몰트 위스키를 말한다. 싱글 몰트 위스키끼리 섞으면 블렌디드 몰트 위스키가 된다. 과거에 싱글 몰트의 원액을 맛보면 밸런스가 무너져 별 인기가 없었다. 그래서 대부분 싱글 몰트는 블렌디드 위스키 제조사에게 원액을 공급하는 것으로 사용되었고, 여러 싱글 몰트를 조화롭게 블렌딩한 위스키가 인기였다. 그러다 2000년대부터 개성 있는 싱글 몰트의 위스키의 인기가 급증하고 있다. 점점 지역과 증류소에 따라 독특한 맛과 향, 개성을 가지고 있는 싱글 몰트가 높은 대접을 받는 것이다. 커피도 이런 경향이 크다.

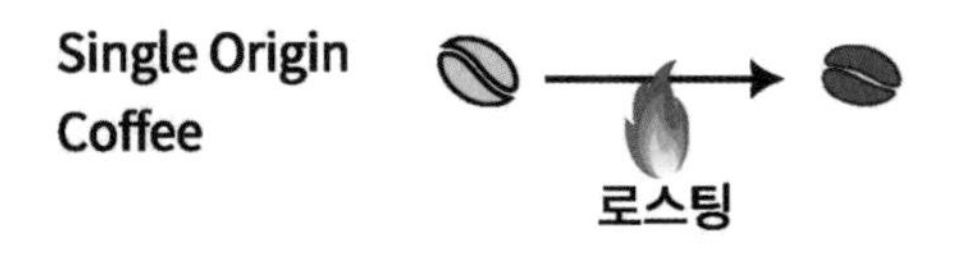

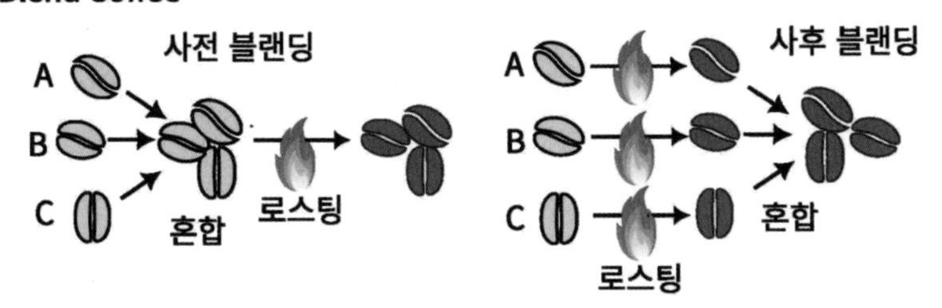

카페인 or 디카페인 커피?

카페에서 저녁 타임에 주문을 받을 때면 손님들이 "디카페인 있나요?"라는 질문을 자주 한다. 카페인 때문에 저녁에는 커피를 마시기 부담스러운 사람이 그만큼 많기 때문이다. 디카페인 커피는 커피 판매자와 소비자 모두를 충족시키는 '효자 커피'라고 볼 수 있다.

카페인은 민감한 사람에게는 빈번히 잠에서 깨도록 해, 잠을 파편화한다. 카페인 분해 속도는 개인마다 다른데, 카페인에 대한 내성도 사람마다 다르다. 현대인의 수명이 급격히 늘면서 건강에 관한 관심도 높다. 그만큼 커피 업계에서도 건강을 주목한다. 스타벅스는 국내 대형 카페 중 디카페인 원두를 처음으로 도입했다. 2018년에는 600만 잔 수준이었고 2022년에는 4배 이상 증가한 2,500만 잔이다. 2023년인 올해도 그 성장세를 이어 가고 있다. 기존 커피 가격에 가격도 약간 비싸고 맛은 떨어지는데도 디카페인 커피 수요는 꾸준히 증가하는 추세이다. 관세청 커피 수출입 무역 통계 자료에 의하면 디카페인 수입이 2021년 3,664t으로 2020년 2,086t으로 30% 증가했다.

디카페인 커피의 카페인 함량을 궁금해하는 경우도 있는데, '디카페인' 표시기준은 유럽에서는 대개 생두에서 무수카페인 함량이 0.1% 이하일 때, 커피 추출물의 경우 고체, 농축, 액상을 막론하고 0.3% 이하일 때 디카페인이라고 한다. 97% 제거는 평균 카페인 함량 대비 97%를 제거했다는 의미다.

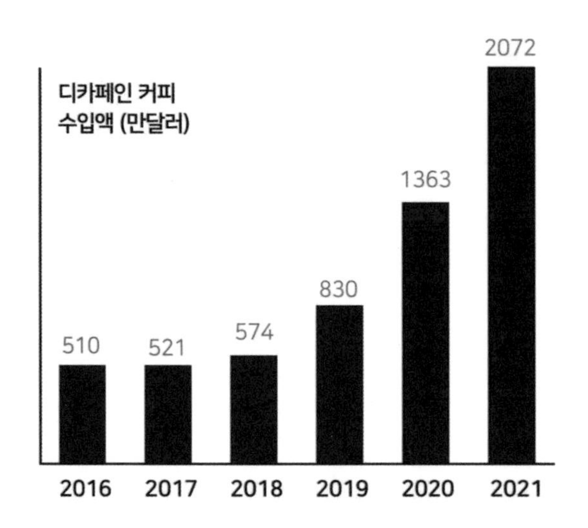

이상적인 디카페인 공정은 커피콩에 어떠한 영향도 주지 않으면서 커피콩 안의 카페인만 제거하는 것이다. 하지만 카페인 분자의 성질상, 그리고 커피콩 세포 내 존재하는 위치 특성상 이상적인 제거는 어렵다. 디카페인 처리의 부작용으로 향이나 향미 전구체가 사라지고 커피콩의 구조와 크기가 달라지며, 무게가 줄어들고, 용매가 남고, 커피콩의 외관이 달라져 버린다.

초창기에는 갖가지 유기 용제를 직접 커피에 부어 카페인을 뽑는 등 온갖 시행착오가 있었다. 최초의 성공적인 결과는 독일의 Kaffee HAG 창립자 루드비히 로셀리우스가 생두를 물과 증기에 적셔 부풀리는 추가 공정을 더하면서부터다. 1908년에 최초의 효율적인 디카페인 공정 특허가 등장했는데 이 공정을 통해 커피콩은 부피가 최대 두 배까지 커져서 용매가 더 잘 침투해 커피콩 구조 내에서 질량 이동이 일어나기 쉬워졌다. 이후 연구를 통해 수분 함량이 높아지면 카페인이 CGA 구조에서 떨어져 나간다는 사실이 밝혀졌다. 이런 과정이 없이 바로 카페인을 녹여내기는 힘든 것이다. 카페인 추출이 끝나면, 다시 수분 건조 공정을 거쳐야 한다.

이런 증기 처리는 커피콩의 조성과 향을 바꿀 수 있다. 디카페인의 목적이 아니어도 로부스타 커피의 풍미를 높이고 일반적인 향미를 바꾸고 맛을 부드럽게 하는 처리법은 오늘날 널리 쓰이고 있다.

2.

커피의 재배과정과 산지의 이해

커피나무에는 춘하추동이 동시에 존재할 수 있다

나는 커피 강의와 수채화 강의 진행을 겸업으로 하고 있다. 커피 강의에서 얻은 지식을 토대로, 수채화 강의에서 커피나무 그림을 그리기도 한다. 커피나무는 그 자체로 무척 매력적인 주제다. 꽃, 열매, 봉오리 등 다양한 성장 단계를 지니고 있어, 이를 활용한 강의 자료로는 더없이 좋다. 특히 커피 체리는 연두색에서 시작하여 완숙한 붉은색으로 변하면서 색상의 다양성을 제공하며, 이는 수채화로 색상 변화를 표현하는 연습에 아주 좋다.

커피 체리의 성장 과정은 복잡하고 매혹적이다. 커피 꽃은 작고 흰색이며, 달콤한 크림 같은 재스민 향이 난다. 이 꽃들은 나무에서 피어난 지 일주일 미만 동안만 유지된다. 커피나무에서 재미있는 것은 우리나라의 과일나무는 꽃을 피우는 시기와 열매가 익는 시기가 완전히 다르지만, 커피나무는 그렇지 않은 점이다. 고산지대에서는 건기와 우기가 뚜렷하게 구분되어 꽃과 열매의 시기가 명확하게 나뉘지만, 연중 비가 오는 저지대에서는 꽃이 피는 특정 시기가 없다. 그래서 한 그루에서 어떤 부분은 꽃이 새로 피고, 어떤 부분은 한참 과일이 익어 가는 일이 동시에 일어날 수 있다는 것이다. 심지어 한 가지에서 꽃과 꽃망울, 한참 자라는 녹색의 체리,

빨갛게 잘 익은 체리를 동시에 볼 수도 있다.

커피 체리는 개화 후 대략 30~35주가 지나야 완전히 익는다. 2g도 안 되는 아주 작은 과일치고는 긴 시간이다.

꽃과 익은 열매가 동시에 존재할 수 있는 커피

커피 해부학, 우리는 딱딱한 속씨를 먹는다

일반적으로 체리 안에 두 개의 씨앗이 마주 보고 들어 있고, 이를 평두(Flat bean)라고 한다. 한쪽 면은 둥글고 반대쪽은 평평한 모양을 하고 있다. 수정이 충분하지 못하거나 영양상태가 좋지 못할 때 또는 나무의 끝부분에서 열린 열매 중에는 둥근 모양의 씨가 하나밖에 없는 때도 있다. 이를 환두(peaberry)라고 한다. 꽃이 핀 후, 열매가 익는 데 아라비카는 약 6~8개월, 로부스타는 약 9~10개월이 걸린다. 과일 크기가 2g도 안 되는 것에 비해서는 긴 시간이 필요하다.

커피 체리는 겉에서부터 단단한 외피(Skin, Exocarp), 과육(Pulp, Mesocarp), 다갈색의 단단한 내과피(Parchment, Hull, Endocarp), 얇은 은색의 씨껍질(Silver skin), 씨앗(Bean, Cotyledon)의 순으로 이루어져 있다. 우리가 흔히 접하는 생두는 껍질과 과육을 벗기고 건조한 속씨 부분이다.

생두는 크기가 균일하고, 세포벽이 단단하며 내용물이 충실해야 로스팅을 통해 좋은 원두가 된다. 생두의 가장 큰 비율을 차지하는 것이 갈락토만난과 아라비노갈락탄을 포함한 세포벽 성분인데, 이들 성분이 단단한 세포벽을 형성하기 때문에 고온의 로스팅을 견딜 수 있고, 커피 특유의 향미 성분이 만들어질 수 있다. 그리고 세포벽 성분은 로스팅의 과정에서 일부가 분해되어 커피로 추출된다. 이들이 우리가 섭취하는 식이 섬유의 10%를 차지하기도 한다. 완성된 원두 하나의 무게는 아라비카 0.18~0.22g, 로부스타는 0.12~0.15g 정도이다.

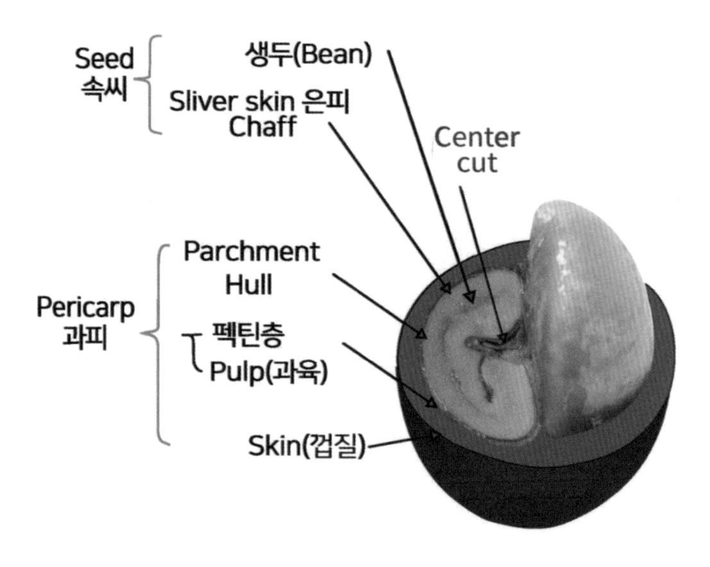

일교차가 큰 지역의 작물이 맛있는 이유

고도와 온도는 커피 품질에 많은 영향을 미친다. 아라비카는 에티오피아 고지대에서 유래했고, 그 맛은 그와 유사한 재배 조건에서 가장 잘 유지된다. 적도 근처 고지대가 아라비카 경작에 유리한 것이다. 그런 온도에서 천천히 일정하게 자란 원료(생두)는 균일성이 높아 품질이 안정적이다. 그리고 고지대 밤낮의 일교차는 생두에는 맛과 향이 될 수 있는 당류와 가용성 물질이 더 풍부해진다. 이것은 다른 과일도 마찬가지다. 포도의 경우 기온이 35℃ 정도의 고온이 지속되면 품질이 나빠지는데, 밤에는 광합성은 없이 호흡 작용만 하므로 밤 기온이 높으면 낮에 광합성으로 만든 당 등을 밤에 많이 소비해 버린다. 적절한 온도에서는 호흡에 의한 분해 작용보다 광합성에 의한 합성량이 많아져서 열매로 당분을 보낼 수 있다.

커피 등 많은 식물도 적당한 스트레스가 향미에는 도움이 되는 것이다. 커피도 고지대일수록 일교차가 크고, 향미가 강하고 복합적이고 신맛이 강한 경향이 있다. 향미 물질은 1차 대사산물이 아니라 방어 등의 목적으로 만든 2차 대사산물이기 때문이다.

아라비카 vs 로부스타의 대표적 차이

우리가 주로 마시는 커피는 아라비카종이다. 유게니오이데스(Coffea eugenioides)종과 카네포라종의 자연 교배로 만들어진 것으로 커피나무 중에서 이 종이 분화한 것은 1~5만 년 전인 비교적 최근으로 추정한다. 이들이 맛이 좋아 생산량의 70% 정도를 차지한다.

커피의 또 다른 품종인 카네포라종은 아프리카의 열대 저지대 삼림에서 기원하며 로부스타형이 대표적이다. 이들이 아라비카종보다 오래전부터 존재하던 품종인데, 인류가 재배를 시작한 역사는 훨씬 나중이다. 19세기 초, 아라비카종에 녹병이 심각해지자 대체 수단으로 카네포라종이 주목 받은 것이다. 로부스타는 자가수분하는 아라비카종과는 달리 타가수분하는 종으로 암수의 유전자가 혼합된다. 다양성은 높지만, 품질의 균일성은 떨어진다. 그래서 육종 목표는 무성생식으로 번식시킨 클론 또는 통제된 환경에서 유성생식으로 번식시킨 교배종에서 우수한 품질을 골라내는 것이다. 이 계통은 생장성과 생산성, 녹병 내성이 우수해서 급속히 퍼져 나갔다.

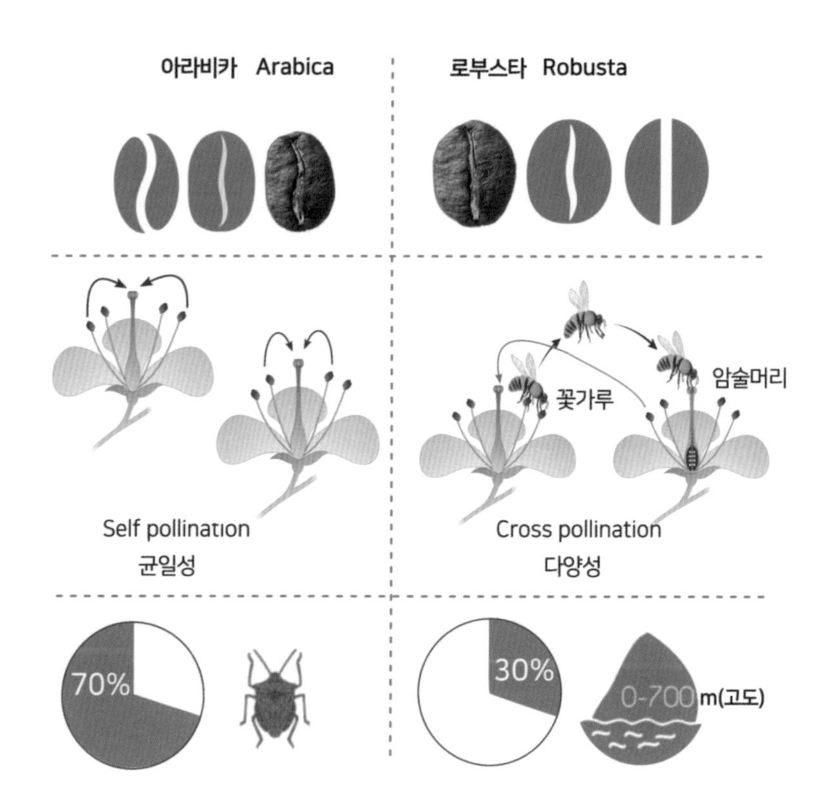
아라비카 Arabica
로부스타 Robusta
암술머리
꽃가루
Self pollination
균일성
Cross pollination
다양성
70%
30%
0-700 m(고도)

손으로 딴 커피 vs 사향고양이가 딴 커피

커피를 수확하는 방법은 손으로 따는 방법(핸드픽)과 기계로 따는 방법(기계 수확)으로 나뉜다. 어떤 방식을 선택하느냐는 지역, 농장의 경사, 노동 비용, 농장 크기, 열매 성숙 편차 등에 따라 달라진다. 커피나무에는 덜 익은 녹색의 열매와 다 익은 붉은색의 열매, 심지어 막 피어난 꽃까지 같이 달린 때도 있어서, 일일이 손으로 다 익은 열매를 골라 따야 좋은 품질의 커피 원두를 얻을 수 있다. 그러나 브라질처럼 수확량이 많은 나라의 경우에는 적당한 시기에 나뭇가지를 잡아 훑어 내리거나 기계로 수확하는 때도 있다. 이를 무작위 수확(strip picking)이라고 하는데 잘 익은 열매뿐 아니라 덜 익은 열매와 지나치게 익은 열매를 한꺼번에 수확되어 균일성이 떨어진다.

수작업을 통해 잘 익은 열매만 골라 수확하는 것을 선택적 수확(Selective picking)이라고 하는데, 8~10일의 간격을 두고 3~5회에 걸쳐 커피나무에서 익은 열매만을 딴다. 이 방법은 주로 아라비카에 적용되며, 비용이 드는 대신 품질이 좋다. 농장 전체를 다니며 익은 열매를 반복해서 선별 수확하는 것으로 매우 노동 집약적이므로 비용이 많이 들지만 그만큼 선별된 것이라 가격을 높게 받을 수 있다. 일꾼 한 명이 하루에 30~45kg의 원

두를 수확할 수 있다. 높은 가격을 받을 수 있는 지역이나, 경사가 급하거나 지형이 까다로워 대형 기계를 사용하기 불가능한 지역에서 선호된다.

기계로 커피를 수확하는 방법은 평지의 아주 넓은 농장에서는 유용하다. 아래위로 진동하는 수많은 가느다란 봉이 장착된 차량이 커피나무에 달린 열매를 모두 땅으로 떨어뜨린다. 이후 진공 청소 차량과 유사한 차량이 지나가며 이를 흡입하여 열매와 나머지 이물(흙, 가지, 잎 등)을 분리한다. 브라질 미나스제라이스주의 세하두 지역은 관개농업을 하므로 열매가 일정한 시기에 함께 익는다. 그 덕분에 덜 익은 열매를 줄일 수 있다.

훑어 따기(Stripping) 같은 수확법도 있는데 가지에 달린 열매를 잘 익었는지를 따지지 않고 훑어서 따는 방법이다. 이 경우 수확한 열매를 프로세싱 전에 분리해야 한다. 브라질에서는 소형 엔진이 달린 휴대형 진동 수확기가 점차 보급되고 있는데, 기계식이긴 하지만 어느 정도 선별 능력이 있다. 점점 개선된 장비들이 사용되고 있다. 아라비카는 체리 500kg, 로부스타는 체리 350kg 정도에서 생두 100kg이 얻어진다.

가공 방식을 알면 커피의 깊이가 달라진다

생두의 수분 함량은 60~70% 정도로 높아서, 보관이나 이송 중에 발효가 일어나거나 썩게 되므로 반드시 수분을 줄이는 건조 과정이 필요하다. 건조하는 방법은 크게 두 가지로 수세식(습식, wet processing)과 내추럴 방식(건식, dry processing)으로 나눌 수 있고, 이 두 가지 특성을 절충한 여러 혼합식(semi-washed)이 있다. 같은 수세식이라고 해도 산지마다 방법의 차이가 있다. 이런 가공법의 차이에 따라 커피콩의 품질이 크게 달라진다.

최근에는 여러 가지 가공 방법이 사용되지만, 19세기 이전에는 내추럴, 즉 자연건조 방식만이 있었다. 내추럴 가공 방식은 체리를 수확한 그대로 껍질을 까지 않고 말리기 때문에 체리의 과육이 건조 과정에서 생두에 흡수되어 자연스러운 과일 향과 풍부한 바디감을 가진다. 하지만 품질이 균일하기 힘든 문제가 있었다. 또한 건조에 최대 1개월 이상의 시간이 걸리기 때문에 기후적인 제한이 있고, 대량 생산에 어려움이 있다.

중남미 일부 지역은 수확기에 일조량도 충분하지 않고, 비가 오는 경우가 있었기 때문에 10일 이내에 커피를 건조할 수 있는 방식이 필요해서, 과육을 제거하고 건조하는 방식을 개발했다. 그리고 더 개선하여 산미가 높고 균일한 품질의 커피를 생산할 수 있는 수세 방식이 되어 커피 가공의 주류로 자리 잡게 되었다. 수세 방식은 초기에는 많은 설비와 복잡한 과정이 필요하지만, 균일한 품질의 커피를 대량으로 생산할 수 있다. 최근에는 수세식과 내추럴의 장점을 결합하여 과일 향, 단맛, 깨끗한 산미 등을 많이 끌어낼 수 있는 옐로우허니, 레드허니, 블랙허니 등의 가공 방식이 개발되었다. 여기에 펄프드 내추럴, 웻 헐링 같은 다양한 변종 방식이 더 있다. 이 방식들은 모두 세균이나 곰팡이가 활동하지 못하는 안전한 수준까지 생두의 수분 함량을 낮추는 것을 기본 목표로 한다.

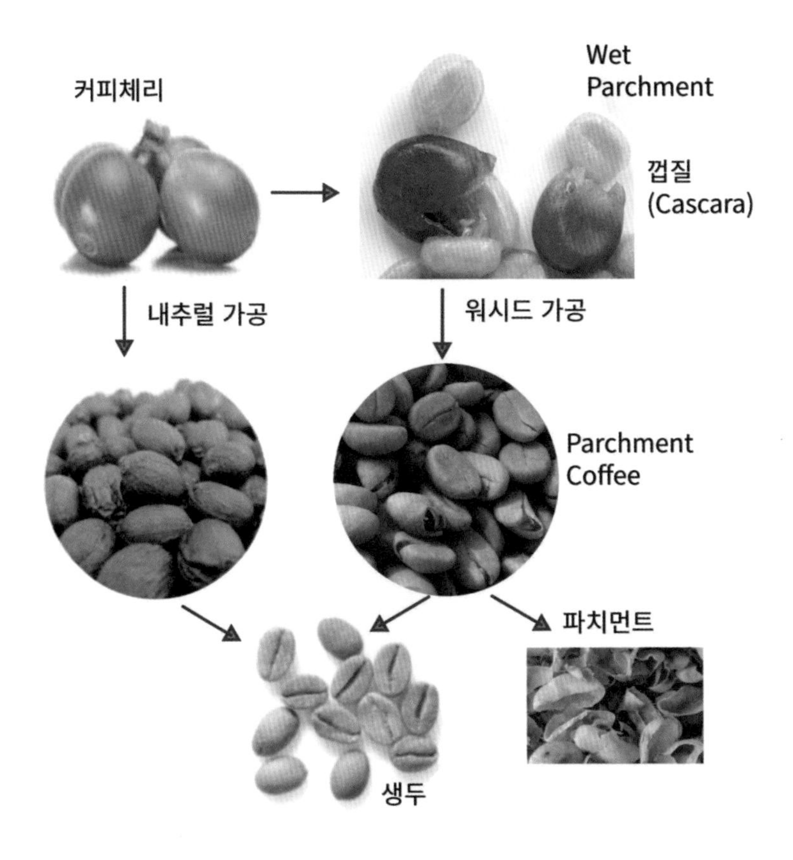

왜 다시 가향 커피가 등장했을까?

가향 커피는 생두에 존재하지 않은 향미 성분을 추가한 것으로 헤이즐넛 커피를 떠올리는 사람이 많을 것이다. 과거 한때를 풍미했던 커피인데 이후 가향커피가 주춤하다 최근 다시 떠오르고 있다. 리치나 망고 시나몬 등 여러 가지 과일 향이 나는 커피도 흔해졌고 그만큼 논란도 커지고 있다.

가향 커피 논란의 핵심은 가향 여부의 표시에 관한 것이다. 차의 경우 가향차(infused tea)로 얼 그레이 홍차가 유명한데 홍차에 베르가못 껍질에서 추출한 오일 성분을 첨가한 것이다. 이런 얼 그레이는 19세기쯤 벌써 등장했고, 커피의 경우 1980년 말부터 90년 중반까지 우리나라 '커피숍'에서 많이 소비된 헤이즐넛 커피가 있다.

최근 이런 커피가 다시 등장한 배경에는 생두 자체의 향미 성분에는 한계가 있기 때문이다. 커피의 향미는 품종, 테루아, 가공방식 등에 따라 맛이 달라지지만, 그 차별화는 쉽지 않다. 더구나 스페셜티 커피가 등장하면서 맛에 따라 가격이 완전히 달라지면서 경매 시장에서 최고가를 갱신하는 커피는 그 가격이 워낙 높아, 커피 재배자들은 향미를 높이는 가공법에 관심을 가질 수밖에 없다.

가장 먼저 적용된 가공방식은 햇빛에 천천히 말리는 내추럴 방식인데, 비가 많이 오는 지역은 어쩔 수 없이 과육을 제거하는 습식 방식을 사용했다. 그러다 가공법에 따라 커피의 향미가 완전히 달라진다는 것을 알고, 온갖 가공법이 개발되고 있다. 그중에는 발효 과정이 많은데, 단순히 커피의 과육을 사용하는 것이 아니라 다른 과육을 첨가하거나 향을 직접 첨가하는 제품도 등장하여 논란이 되는 것이다.

가향을 했으면 명확히 가향 여부를 밝혀야 하는데, 그랬다가는 좋은 가격을 받기 힘들어서 발효나 가공법에 의한 향미라고 주장하는 경우가 있다. 전문가는 뚜렷하고 이질적인 향미로 어느 정도 짐작을 할 수 있지만, 관능의 결과만으로 증거 능력을 갖추기는 힘들다. 생두의 향기 성분 분석을 해 봐야 한다.

3.

커피의 대표적 산지

커피의 수확, 커피에도 제철이 있다!

커피의 원산지와 품종에 따라 수확 시기가 다르며, 이는 커피의 맛과 품질에 직접적인 영향을 미친다. 중남미는 전 세계 커피 생산량의 큰 부분을 차지하며, 나라별로 수확 시기가 조금씩 다르다. 브라질에서는 5월에서 9월 사이에 수확이 이루어지며, 특히 남부 지역은 이 시기에 집중적으로 수확한다. 콜롬비아는 두 번의 주요 수확 시즌을 가진다. 주요 수확기는 9월에서 12월까지, 두 번째 수확기는 3월에서 6월까지이다. 중앙아메리카의 과테말라, 코스타리카, 엘살바도르는 대개 12월에서 4월 사이에 수확한다.

아프리카는 커피의 기원지로, 다양한 커피 품종과 독특한 맛 프로필을 지닌다. 에티오피아의 수확 시기는 10월에서 12월까지이며, 케냐는 10월에서 12월까지와 6월에서 8월까지 두 번의 주요 수확기를 가진다. 탄자니아는 6월에서 10월까지 주요 수확기를 가지며, 이는 킬리만자로산 주변 지역에서 집중적으로 이루어진다. 아시아는 다양한 커피 생산지로 구성되어 있으며, 인도네시아의 주요 수확 시기는 5월에서 9월까지이다. 베트남은 세계 2위의 커피 생산국으로, 주로 로부스타 커피를 생산하며, 주요 수확기는 10월에서 3월까지이다. 인도의 커피 수확기는 주로 12월에서 3

월 사이이다. 인도는 아라비카와 로부스타 두 품종을 모두 생산한다.

하와이는 미국 내 유일한 커피 생산지로, 주로 코나 지역에서 재배되며, 수확기는 8월에서 12월까지이다. 자메이카, 푸에르토리코 등 카리브해 국가들은 9월에서 2월 사이에 수확을 진행한다. 이처럼 커피의 수확 시기는 원산지와 품종에 따라 다르며, 이는 커피의 맛과 품질에 큰 영향을 미친다. 각 지역의 기후와 지형 조건에 맞춰 최적의 시기에 수확된 커피는 그 지역만의 독특한 향미와 특성이 있다.

국가	1	2	3	4	5	6	7	8	9	10	11	12
브라질												
볼리비아												
콜롬비아												
니카라과												
파나마												
코스타리카												
자메이카												
엘살바도르												
과테말라												
멕시코												
페루												
하와이												
에티오피아												
예멘												
케냐												
르완다												
부룬디												
콩고												
인도												
수마트라												
자바												
티모르												

커피의 대표적 산지와 산지별 특징

2024년 주요 커피 생산국에 대한 커피 생산량에 대한 자료이다. 생산량을 알아보는 것은 그만큼 우리가 흔히 접할 수 있기 때문이다.

브라질은 연간 376만 톤으로 세계 최대 커피 생산국이다. 베트남은 181만 톤으로 주로 로부스타 커피를 생산하며 2위를 유지하고 있다. 콜롬비아는 77만 톤으로 세계 3위를 차지하며, 고품질 아라비카 커피로 유명하다. 인도네시아는 68만 톤으로 네 번째로 많은 커피를 생산한다. 에티오피아는 커피의 발상지로 알려져 있으며, 50만 톤의 생산량으로 다섯 번째이다.

그리고 온두라스, 인디아, 멕시코, 페루, 우간다 순서인데 이들 나라에서 생산하는 향은 큰 차이가 없어서 순위가 바뀔 수 있다.

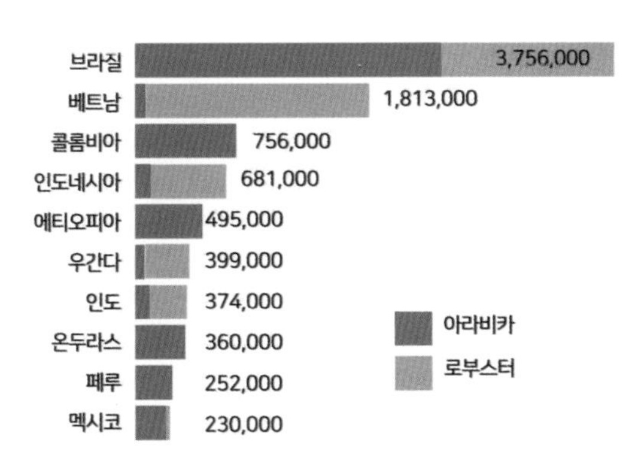

세계 Top 10 커피 생산국

1위

브라질

세계 최대 생산국, 생산량의 30~35%, 높은 고도, 넓은 평원, 대량 생산, 자동화된 기계방식, 버본 티피카

브라질은 세계 커피 생산량의 30~35%를 차지하는 최대 생산국으로, 주로 남중부와 남서부 지역에 광대한 커피 농장이 자리하고 있다. 이 지역들은 커피 재배에 이상적인 고도와 넓은 평원을 자랑하며, 자동화된 기계화 방식 덕분에 안정적인 원두 공급이 가능하다. 브라질 커피는 초콜릿, 견과류, 캐러멜 등의 풍부한 향미로 세계적으로 인정받고 있다. 이러한 독특한 풍미는 버번, 티피카와 같은 다양한 품종이 자라기에 최적화된 환경에서 비롯된다. 버번은 달콤하고 복합적인 맛으로 균형 잡힌 컵을 제공하며, 티피카는 섬세한 산도와 꽃향기로 그 가치를 인정받고 있다. 이처럼 브라질 커피는 부드럽고 균형 잡힌 맛, 낮은 산도, 중간 정도의 바디로 사랑받고 있다.

2위

베트남

세계 2위, 로부스타 위주, 현대화된 생산 기술로 급격히 생산량 높임

베트남은 세계 커피 생산량에서 브라질 다음으로 큰 커피 생산국으로, 세계 로부스타 커피 생산량의 40% 이상을 차지한다. 현대적인 생산 기술과 기계화를 통해 높은 품질과 생산 효율을 유지하고 있다. 베트남의 커피 문화는 다양한 독특한 음료와 문화적 요소를 포함하고 있는데, 대표적인 예로는 얼음과 연유를 섞어 만드는 '카페 쓰어다'와 달걀 노른자 크림을 올려 만드는 '에그 커피'가 있다. 주요 커피 산지로는 중부 고원 지역의 다락과 로부스타 커피 생산에 주력하는 부온 마 투옷 등이 있다. 이 지역들은 고품질의 원두를 생산하며, 베트남 커피는 진하고 묵직한 맛으로 전 세계에서 인기를 끌고 있다. 커피 산업은 프랑스 식민지 시대에 도입되어 현지 문화에 자리 잡았으며, 베트남 커피의 독특한 풍미와 커피 문화는 국제적으로도 큰 주목을 받고 있다.

3위

콜롬비아

아라비카, 해발 1400m 고산지대, 아라비카 위주 최상급 커피

콜롬비아는 안데스산맥의 영향을 받아 다양한 해발고도와 기후를 가진 지역에서 커피를 재배하며, 일 년 내내 수확이 가능해 상시 출하가 이루어진다. 세계 3위의 커피 생산국이자 아라비카종의 주요 생산자로, 해발 1,400m 이상의 고산지대에서 주로 재배된다. 커피 등급은 생두의 크기에 따라 나뉘며, 최상급 커피로는 '수프리모(Supremo)'와 '엑셀소(Excelso)'가 있다. 주요 품종으로는 티피카, 카투라, 콜롬비아종, 카스티요 등이 있으며, 콜롬비아 커피는 부드러운 맛과 풍부한 신맛, 단맛이 특징적이다. 특히, 체리, 초콜릿, 과일류의 향이 나며, 산지에 따라 독특한 향미가 있다. 예를 들어, 카우카 주의 인자와 포파얀, 나리뇨에서는 핵과류의 상큼한 맛을 느낄 수 있으며, 우일라 산악지대에서는 과일향이 진하고 복합적인 향미가 느껴진다. 이와 같은 지역적 특성은 콜롬비아 커피의 풍미를 더욱 다양하고 풍부하게 만든다.

4위

인도네시아

습식 가공으로 고급 로부스타 생산, 수마트라 섬 65%

1696년 네덜란드가 자바 섬에서 아라비카종을 재배하기 시작하였고, 1900년에는 커피 녹병 문제로 아프리카 콩고에서 로부스타를 도입하게 되었다. 현재는 로부스타가 전체 커피생산량의 90%를 차지하며, 아라비카는 10%에 불과하다. 수마트라의 만델링 커피는 묵직한 바디감과 독특한 향으로 커피 애호가들에게 인기가 높다. 또한, 루왁 커피는 사향고양이가 섭취 후 배설한 커피 체리를 가공하여 만들어지며 이 과정에서 발효되어 독특한 맛과 향을 가지며, 세계에서 가장 비싼 커피의 하나로 꼽힌다. 인도네시아에서는 다양한 커피가 재배되는데, 파푸아에서는 묵직한 바디와 스파이시한 마무리가 특징이며, 자바의 로부스타는 강한 쓴맛과 진한 향이 특징이다. Kopi Lanang는 높은 카페인 함량이 특징이며, 가요 커피는 훌륭한 향과 약한 쓴맛이 특징이다.

5위

에티오피아

커피의 발상지, 아라비카, 전통적인 생산 방식, 전통적 커피 의식, 예가체프, 소규모 농장

에티오피아는 커피의 발상지로 알려져 있으며, 이곳은 아라비카 커피의 원산지이다. 에티오피아의 커피는 고지대에서 재배되며, 주로 소규모 농장에서 전통적인 방식으로 수확된다. 이 지역의 농부들은 대부분 그늘에서 커피를 재배하거나, 전통적인 건식 가공법을 사용하여 독특한 내추럴 커피를 생산한다. 에티오피아의 커피 문화는 깊이 있으며, 커피 의식은 중요한 문화유산이다.

에티오피아의 주요 커피 생산 지역으로는 시다모(Sidamo), 예가체프(Yirgacheffe), 하라르(Harar) 등이 있다. 이 지역들은 각기 다른 특성의 커피를 생산한다. 예를 들어, 시다모 커피는 부드러운 맛과 균형 잡힌 바디를 자랑하며, 하라르 커피는 베리류의 과일 풍미가 강조되어 강렬한 향과 풍부한 향미를 제공한다. 예가체프 커피는 부드러운 신맛과 과실향, 꽃향기가 특징이며, '커피의 귀부인'이라는 별명을 가지고 있다. 이렇게 다양한 품종과 각 지역의 특색이 뚜렷한 에티오피아 커피는 전 세계 커피 애호가들 사이에서 높은 평가를 받고 있다.

6위

페루

페루의 커피 농장들은 대부분 해발 1,200m에서 2,000m 사이에 위치하여, 태평양에서 불어오는 해풍과 안데스 산맥의 영향을 받아 맛 좋은 커피를 생산한다. 이 지역은 아열대 지방의 날씨, 적절한 습도, 영양이 풍부한 토양, 그리고 충분한 일조량을 갖추고 있어 커피나무가 자라기에 최적의 환경을 제공한다. 페루에서는 주로 아라비카 원두가 재배되며, 이 원두는 바디가 강하고 신맛과 단맛이 조화롭다. 특히 강배전 시에도 향이 풍부하게 유지되는 매력적인 커피로, 화려한 향미보다는 깊은 바디와 단맛, 그리고 밀크 초콜릿처럼 부드러운 느낌이 특징이다. 또한, 산지나 품종에 따라 부드러운 산미와 허브향이 어우러진 밸런스가 좋은 커피도 생산된다.

7위

온두라스

온두라스 커피는 주로 버번, 티피카, 카투라, 카투아이와 같은 아라비카 품종을 재배하며, 특히 깔끔하고 부드러운 단맛과 묵직한 바디감을 자랑한다. 중미 최대의 커피 산지로, 약 70~80%가 고지대 산악지형이며 화산재 토양 덕분에 커피 재배에 매우 적합한 환경을 갖추고 있다. 고도에 따라 SHG(Strictly High Grown)와 HG(High Grown) 등급으로 분류되며, SHG는 1,500m 이상에서, HG는 1,000m에서 1,500m 사이에서 재배된다. 특히, 'IH-90'이라는 품종은 저지대에서도 재배가 가능하며, 커피 녹병에 강해 높은 생산성을 보인다.

이 지역의 커피는 둥글고 균일한 생두, 부드러운 향, 신맛과 단맛, 쓴맛이 조화롭게 느껴지는 중성적인 맛을 제공한다. 과일 향미가 나는 특징도 있으며, 각기 다른 지역에서 다양한 특성의 커피를 생산한다. 예를 들어, 코마야과와 몬테실로 지역에서는 과일 향미와 밝은 산미가, 아갈타 지역에서는 달콤한 열대과일의 후미가, 엘파라이소 지역에서는 감귤의 향미와 맛의 좋은 밸런스가 특징이다.

8위

인도

인도에서 커피 재배는 1585년, 메카에서 시작된 이슬람 전통에 뿌리를 두고 있다. 인도는 아라비카(40%)보다 로부스타(60%)를 주로 생산하며, 로부스타가 주력 품종으로 자리 잡고 있다. 인도의 유명한 몬순 말라바르 커피는 약간의 신맛과 묵직한 바디감으로 알려져 있고, 마이소르 커피는 카페인 함량이 낮으면서 풍부하고 매력적인 향과 독특한 향신료의 풍미가 조화를 이룬다. 커피 생산은 주로 남부의 카르나타카, 케랄라, 타밀 나두 세 주에서 이루어지며, 이 지역에서 인도 커피의 대부분이 생산된다. 아라비카종 중에서는 카티모르, 켄트, S795 등이 재배되지만, 로부스타가 주력 품종이다. 인도의 커피 산업에는 약 25만 가구의 농가가 종사하고 있으며, 이들 대부분은 소규모 농가이다. 인도 커피는 짙은 바디감과 달콤한 맛이 특징이며, 낮은 산미와 향신료나 초콜릿 맛이 돋보이는 특성으로 에스프레소 블렌딩에 주로 사용된다.

9위

우간다

우간다는 적도 인근의 고도가 높은 지역에서 커피를 재배하는 국가로, 이 지역의 고지대에서는 신선하고 풍부한 향과 깊은 맛이 특징이다. 아라비카 커피는 꽃향기와 과일 향, 달콤한 초콜릿 향이 느껴지며, 습식 가공을 통해 깨끗하고 순수한 풍미를 자랑한다. 반면, 로부스타 커피는 대부분의 생산량(80%)을 차지하며, 그 특성으로 인해 단조롭고 쓴맛이 강하고 바디감이 높아 주로 에스프레소 블렌딩용으로 선호된다.

우간다의 주요 커피 재배지는 부기수 지역과 엘곤 산 인근의 해발 1600~1900m 지역에 위치해 있다. 이 지역의 아라비카 커피는 다크 초콜릿의 향미와 함께 캐러멜 팝콘향, 너트의 고소함이 느껴지는 풍미가 특징이다. 또한, 우간다의 북부 지역에서 생산되는 커피는 밝고 깨끗한 맛을, 남부 지역에서 생산되는 커피는 더 진하고 풍부한 맛을 제공한다.

10위

과테말라

과테말라는 중앙아메리카에 위치하며, 이 지역 커피의 대표적인 특징은 남미 커피에 비해 다소 약한 바디감에도 불구하고, 산미와 향미가 잘 발현된다는 점이다. 과테말라에서는 주로 아라비카 품종인 티피카(Typica)와 버번(Bourbon)종을 경작하며, 이들은 다양하고 풍부한 맛과 아로마를 제공한다. 과테말라 커피는 일반적으로 중간 정도의 산미와 부드러운 바디를 가지며, 과일의 향기와 달콤한 맛이 특징이다. 화산지대에서 재배되는 이 커피는 고급 스모크 커피로 유명하며, 특히 안티구아(Antigua) 지역이 대표적이다.

다른 주요 재배 지역으로는 아티틀란(Atitlán), 코반(Cobán), 우에우에테낭고(Ubica), 산타 로사(Santa Rosa), 산 마르코스(San Marcos) 등이 있으며, 이 지역들도 미네랄이 풍부한 화산재 토양에서 커피가 재배된다. 그래서 과테말라 커피는 다크 초콜릿의 쌉싸름한 맛과 진한 스모키 향, 블랙커런트의 감칠맛과 부드러운 단맛을 자랑한다. 과테말라의 커피 재배 지역은 대부분 중부와 북부의 고산지대에 위치하며, 이 고도에서 재배되는 커피는 특유의 풍미와 향이 더욱 강하다.

* 케냐

커피 원산지, 동부 아프리카, 하라르, 예가체프, 시다모, 베리, 꽃향기, 높은 산도, 소규모 농장, 다양한 가공 방법, 생두 다양성, 유기농 재배, 원시림 생산 환경

케냐 커피는 주로 아라비카종이며, 특히 SL과 K7 같은 품종과 루이루, 피베리(Peaberry) 등 다양한 품종이 재배된다. 이 커피들은 해발 1500~2100m의 고지대에서 자라나며, 이러한 높은 고도는 커피에 복잡한 과일 향과 감귤류의 산미, 그리고 감칠맛과 풍성한 질감을 부여한다. 케냐의 커피 산업은 국가 차원에서도 지원을 아끼지 않으며, 세계적으로 신뢰받는 경매 시스템을 통해 AA 등급과 같은 높은 품질의 커피를 선별한다.

케냐에서의 커피 재배는 19세기 후반에 시작되었으며 1893년 프랑스의 'Holy Ghost Fathers'에 의해 레위니옹 섬에서 가져온 커피나무가 나이로비 근처에 심어지면서 본격적인 재배가 이루어졌다. 케냐는 아프리카 대륙의 동쪽 해안에 위치하며, 내륙으로 갈수록 고도가 높아지는 고원지대를 형성하고 있다. 일반적으로 워시드 방식으로 가공되는 케냐 커피는 강렬한 향과 묵직한 바디감, 그리고 독특한 과일 향과 적절한 신맛의 완벽한 조화로 유명하다.

* 파나마

전 세계 생산량의 0.08%, 게이샤 품종, 고지대 재배, 작은 농장에서 고가의 커피 생산, 지속 가능한 재배, 수작업 수확, 기후 영향 큼

파나마는 남미와 북미를 잇고 대서양과 태평양 사이의 전략적 위치에 자리 잡고 있으며, 일반적으로 1300m에서 1650m 고도에서 커피가 재배된다. 주요 재배 지역인 보케테와 볼칸은 비가 자주 오는 성장기와 건조한 수확기, 풍부한 일조량 덕분에 커피 재배에 최적의 조건을 제공한다. 특히 1960년대에 돈 파치(Don Pachi)라는 농림부 직원이 코스타리카에서 병충해에 강한 게이샤 품종을 도입하여 지역 농민들에게 보급한 이후, 이 품종은 파나마 커피의 대표적인 상징으로 자리 잡았다. 게이샤 커피는 재스민과 복숭아 같은 섬세하고 화려한 향을 지니며, 깔끔하고 균형 잡힌 맛과 상큼한 과일 맛과 향이 특징이다. 신맛은 달콤하고, 바디감은 가벼운 편이다.

* 하와이

미국 내 생산, 코나 지역, 균형 잡힌 맛, 초콜릿, 견과류 풍미, 낮은 산도, 화산 토양, 한정된 생산, 고가, 관광 산업 영향

1825년부터 커피 재배를 시작했으며, 특히 카우아이, 마우이, 그리고 코나 지역에서 1300m~1650m의 고지대에 위치한 비옥한 화산 토양에서 재배된다. 이러한 최적의 자연환경은 고품질의 고급 커피 생산을 가능하게 하며. 특히 코나 지역에서 재배되는 커피는 '코나 커피'로 불리며, 블루 마운틴 커피와 더불어 세계적으로 최상급 커피로 인정받고 있다. 하와이 커피는 부드러운 산미와 풍부한 바디감, 밀크 초콜릿과 약한 과일의 산미가 조화를 이루며, 은은한 풍미와 우아한 마무리가 특징이다. 주로 아라비카 종 중 티피카와 카투라가 재배되며, 커피의 수확 시기는 9월부터 다음 해 1월까지이다. 이 모든 요소가 하와이 커피를 세계적으로 유명하게 만든 결정적인 매력으로 작용하고 있다.

부동의 1위 파나마 게이샤 커피

커피를 즐겨 마시는 사람에게 '당신이 마셔 본 커피 중에 가장 맛있는 커피는 무엇인가요?'라는 질문을 던진다면 아마도 게이샤가 빠지지 않을 것이다. 게이샤는 1931년 에티오피아 남서쪽에 위치한 게샤 마을의 커피나무 숲에서 수집된 품종이다. 마을의 이름을 따서 게샤(Gesha) 또는 게이샤(Geisha)라고 부른다.

가지가 잘 부러지고 생육이 느리며 수확량이 적었기에 당시 농부들에게는 큰 관심을 받지 못했다. 또한, 씨앗을 구하기도 어렵고 몇몇 병충해에 취약하여 재배하기 까다롭다. 만약 게이샤를 심었다가 병충해에 걸려

나무가 죽으면 묘목을 새로 심어야 하고, 첫 수확을 기다리는 3~4년간 수입이 없어지는 큰 위험을 감수해야 한다.

이런 게이샤 커피가 세계적 붐을 일으킨 것은 2005년 베스트 오브 파나마 경매에 참여한 보케테 지역의 농장 라 에스메랄다를 통해 시작되었다. 이 농장의 게이샤는 등장과 동시에 최고의 커핑 점수와 낙찰가 기록을 경신했다. 2007년 5월에 열린 경매에서 파운드당 130달러라는 커피 경매 역사상 최고가를 기록했다. 당시 한 심사관이 '컵 안에서 신의 얼굴을 보았다'고 극찬하여 '신의 커피'라는 명칭을 가지게 되었다. 이후에도 커피 품질 평가에서 항상 90점 이상을 받아 특별한 맛과 향으로 세계적으로 인정받았다.

지금은 가격이 워낙 비싸 '그만큼의 가치가 있을까?'라는 의문이 생길 수 있지만 시장에서 받아들여지는 것은 특별한 와인이나 위스키가 비싼 것과 같은 원리일 것이다.

4.

커피 향이 특별한 이유

로스팅, 커피 향미에 날개를 달다

사람들이 유명한 식당을 찾는 이유는 단순히 '좋은 재료'를 맛보기 위해서가 아니다. 아무리 좋은 재료를 사용해도, 요리사의 솜씨에 따라 그 결과물의 맛은 천차만별이다. 이와 마찬가지로 커피도 좋은 생두를 사용한다 해도 어떻게 로스팅하느냐에 따라 맛이 크게 좌우된다.

우리가 커피라고 느끼는 향미의 대부분은 생두에 존재하던 것이 아니라 로스팅으로 만들어지는 것이기 때문에 로스팅이 정말 중요하다. 생두의 성분은 향미를 낼 수 있는 잠재력일 뿐이고 제대로 로스팅을 해야 우리가 즐기는 향미 성분이 된다. 생두를 가열하여 적절하게 로스팅하면 원하는 향미를 지닌, 어두운 색상에 부서지기 쉬운 다공성 조직의 원두가 된다. 로스팅이 잘되어야 원하는 향미를 가질 수 있고, 분쇄와 추출이 쉬워진다. 그리고 그런 커피를 잘 추출하면 마침내 훌륭한 커피 한 잔이 완성된다.

커피 로스팅은 가장 높은 온도까지 가열된다

다른 많은 식품이 가열로 향이 만들어지지만, 커피만큼 고온에서 일어나지 않는다. 커피는 일정 시간 동안 생두 온도를 190℃ 이상 올려야 하며, 최종 온도에 도달하면 즉시 냉각해야 한다. 고온에서 향미 손실이 크기 때문이다. 최종 온도는 200~250℃이며, 시간은 3~20분 정도다.

로스터에 투입된 생두는 열을 공급받아 100℃까지 올라갈 때까지는 변화가 상대적으로 느리다. 100℃부터 원두 안에 수분 증발이 시작된다. 130℃ 부근에서는 커피콩 색이 노랗게 변하기 시작하고 부피의 증가가 일어난다. 140℃ 부근에서는 탄수화물, 단백질, 지방의 분해가 일어나기 시작하고 이산화탄소 등 가스가 방출되기 시작한다. 150℃에 이르면 팝핑이 일어나기 시작하며, 원두 중앙의 홈(center cut)이 약간 벌어지기 시작한다. 160℃에 이르면 원두는 스스로 열을 방출하기 시작하는데 이때 원두는 갈색으로 변하기 시작하며, 본격적인 팝핑과 함께 여러 화학 반응으로 커피 본연의 향기 성분이 생성되기 시작한다.

190℃에 달하면 격렬한 팝핑에 의해 원두 표면에 아주 작은 균열이 생기기 시작하고, 이곳을 통해 다소 푸른빛을 띠는 연기가 방출된다. 200℃에서 원두는 짙은 갈색이 되며 탄화도 시작된다. 210℃ 부근에서 모든 반

응은 절정에 이른다.

커피는 식품 중에서 내부 온도를 가장 높은 온도까지 올리는데, 그래서 세포 안의 압력이 '10기압 이상'까지 올라간다고 한다. 커피는 세포벽이 두꺼우므로 이 정도 내압에는 견딜 수 있지만, 여러 변형이 일어난다. 로스팅 최종 단계에는 기체가 갑자기 터져 나가듯 방출되면서 일부 구조가 부서지고 깨지기도 한다. 이때 튀는 듯한 소리가 날 수 있다. 이처럼 빠져나가는 기체도 많지만 다른 어떤 식품보다 많은 기체가 세포 안에 갇혀 있게 된다. 그러다 보관 중 천천히 방출되거나, 분쇄 단계에서 방출된다. 커피콩은 로스팅 중 최대 2배까지 부풀어 오른다. 그래서 생두는 물에 가라앉지만 로스팅한 원두는 물에 뜨게 된다.

단단한 세포벽이 커피의 특별함을 만든다

커피는 세포벽이 유난히 두껍다. 고형분의 절반 이상이 세포벽의 성분일 정도로 많은 물질이 사용되어 단단한 속씨를 만든다. 전자현미경 사진을 보면 생두의 두꺼운 세포벽을 볼 수 있다. 보통 세포는 세포벽이 0.1~1㎛ 정도인데 생두는 5~7㎛로 두껍고 그 형태도 주름관 모양으로 압력에 잘 견딘다고 한다. 그래서 생두는 과일의 속씨 중에서 가장 단단한 편에 속한다.

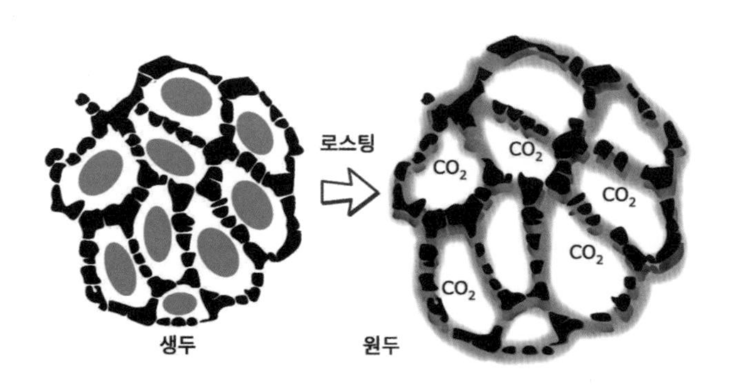

생두를 로스팅할 때 세포벽과 세포질의 변화

세포벽이 약하면 고온의 로스팅을 견디지 못할 텐데, 커피 생두의 크기가 전체적으로 로스팅하기에 적당하고 세포벽이 단단하여 가장 높은 온도까지 로스팅할 수 있고, 특유의 향미 성분도 만들어진다. 생두를 로스팅하면 수증기와 이산화탄소의 생성으로 대량의 가스가 발생하는데, 이때 커피는 단단한 세포벽 덕분에 가스 생성량보다는 조금만 팽창한다. 세포질 안의 성분들이 녹고 뒤섞여 세포벽을 코팅하기 때문에 세포벽이 더 두꺼워진 것처럼 보인다. 단단한 세포벽이 커피의 핵심 조건이라는 것은 생두를 분쇄하여 로스팅하면, 기존의 커피와 같은 향미를 발현시키기 힘들다는 것으로 알 수 있다. 이런 세포벽은 향미 보존에 핵심이다. 이것은 로스팅한 원두를 분쇄하면 금방 향미가 손실되는 것에서 알 수 있다.

로스팅은 향을 만드는 과정이자 파괴하는 과정이다

커피의 로스팅은 여러 식품의 공정 중에 가장 격렬한 화학 반응이다. 그만큼 많은 변화가 일어나 한편으로는 많은 향기 물질이 만들어지고 한편으로는 만들어진 향기 물질이 파괴되고 휘발된다. 커피는 생두 전체의 온도를 200℃ 넘게 올린다. 그만큼 광범위한 탈수와 화학 반응이 일어나 생두의 상태가 완전히 바뀌게 된다. 생두 안의 세포 하나하나가 고압의 압력솥처럼 작동하면서 세포 안의 성분을 격렬하게 변화하는 것이다. 커피 성분의 1/4이 멜라노이딘으로 변할 정도다.

향은 원래 아주 작은 지용성의 휘발성 분자이고, 식품 성분 중에서 열에 가장 약한 편이다. 그러니 고온에서 로스팅하면, 원래 있던 향기 성분뿐 아니라 로스팅으로 만들어지는 향기 성분마저 파괴되고 휘발되기 쉽다. 단지 로스팅으로 생성되는 양이 그보다 많아 향이 진해지는 것이다. 하지만 생성량에도 한계가 있어 로스팅 시간이 길어질수록 점점 내열성이 있는 향기 성분만 남게 된다. 만약 끝까지 로스팅하면 모든 유기물이 숯으로 변하는 탄화가 일어난다.

그러니 로스팅은 원두가 견딜 만큼의 열을 가해 신속히 반응이 일어나게 하고, 적절한 시점에서 멈추는 것이 핵심이다. 로스팅 반응은 후반에 들어갈수록 급속히 일어나므로 공급되는 열량을 조절해야 하고, 원하는 향미가 형성되면 즉시 냉각하여 추가적인 향미 성분의 손실을 없애는 것도 핵심이다. 생두가 얼마만큼의 열에 견딜 수 있는지를 파악하고 그것에 적합한 열을 가하는 것이 로스터의 핵심적인 자질이다.

로스팅이 강할수록 향의 특성이 비슷해진다

약배전에서는 달콤한, 과일, 꽃, 빵, 견과류 느낌이 나고, 중배전을 하면 보다 복합적인 향이 난다. 강배전에 접어들면 코코아, 향신료, 페놀 등 강하게 볶았을 때 특유의 냄새가 난다.

로스팅 초반에 만들어지는 과일 향, 꽃향기의 느낌이 사라지고 볶은 커피 향 및 탄 느낌이 증가한다. 로스팅이 진행될수록 쓴맛은 증가하고 신맛은 줄어든다. 향미 조성은 로스팅 전 과정 내내 끊임없이 달라진다. 이는 단계마다 새로운 향미 물질이 만들어지고 사라진다는 것을 의미한다. 하지만 최적 단계를 넘어 과잉 로스팅이 되면 향미와 바디는 모두 탄 느낌, 거칠고 기분 나쁜 느낌이 된다.

최적 로스팅 정도까지는 기분 좋고 상쾌한 향이 나지만, 이 시점을 지나 로스팅을 계속해 나가면 이런 향미가 줄어든다. 바디나 마우스필도 일정 지점까지는 커졌다가 더욱 진행하면 줄어든다. 그러니 로스팅은 원하는 정도에서 멈추는 것이 중요하다.

5.

균일한 추출이 어려운 이유

그라인더는 꼭 EK43을 써야 하나요?

입자에 따라 추출이 달라진다. 커피 입자의 크기에 따라 물과의 접촉시간 및 추출 정도가 달라진다. 접촉시간이 길수록 커피는 더 굵게 분쇄하는 편이다. 아주 미세한 입자는 과잉 추출을 일으키기 쉽고, 이는 커피 음료에서 쓴맛 증가로 이어진다. 다만 에스프레소처럼 추출 시간이 매우 짧은 경우라면 미분이 있어야 적절한 흐름이 생긴다. 토양에 크고 작은 입자가 고르게 분포되어야 흐름이 좋은 것처럼 커피의 추출도 물 흐름이 좋아야 하는데, 입자의 크기 못지않게 분포가 중요한 것은 물의 흐름과 관련되어 있다.

그래서 그라인더를 중요한 요소로 생각한다. 똑같은 품질의 커피 음료를 만들려면 입도의 분포가 같아서 같은 물의 흐름이 되어야 한다. 고품질 그라인더는 모두에게 좋은 것이다. 더 정밀한 날에 알맞은 인터페이스를 갖추어 입도의 조절이 쉽고, 적절한 입도 분포를 가지고, 정확하게 계량할 수 있고, 항상 같은 상태로 작동하는 그라인더는 추출의 변수를 줄여 주어 품질 향상에 도움이 된다. 거기에 투입물의 상태, 종류, 또 그날 환경 조건의 차이에 무관하게 일정한 품질을 낼 수 있는 그라인더라면 이상적인 그라인더일 것이다.

커피 애호가들 사이에서 EK43 그라인더는 그 우수성으로 가정부터 전문 카페까지 폭넓게 사용된다. 유튜브 리뷰와 커피 커뮤니티에서는 이 그라인더의 높은 가격에도 불구하고 그 탁월한 분쇄 성능과 일관된 입도 분포가 자주 언급되어, 커피를 사랑하는 이들의 욕심을 자극하기에 충분하다. 그러나 그 높은 가격이라는 단점은 구매를 고려하는 이들에게 신중한 선택을 요구한다.

그라인더의 진정한 가치는 커피 입자를 고르게 분쇄하고, 원하는 입도에 맞게 조절할 수 있는 능력에서 나타난다. 입도가 커피 추출에 미치는 영향은 막대하다. 너무 미세하면 쓴맛이 강해지는 과잉 추출이, 너무 거칠면 추출이 부족해져 맛이 밋밋해진다.

고품질의 그라인더는 이러한 문제를 최소화하며, 정밀한 날과 사용자 친화적인 인터페이스를 통해 입도 조절이 쉽고, 적절한 입도 분포를 유지하며, 정확한 계량을 가능하게 해 추출 변수를 줄여 준다. 이는 일관된 품질을 보장하며, 바리스타가 맛의 완성도를 높일 수 있게 도와준다.

그러나, EK43과 같은 고급 그라인더가 반드시 필요한 것은 아니다. 자신의 예산과 사용 목적에 맞게 적절한 그라인더를 선택하는 것이 중요하다. 이를 통해 각자의 커피 경험을 최적화할 수 있으며, 진정으로 필요한 기능에 대한 비용을 지불하는 것이 바람직하다.

품질 = 재현성, 정성 = 최선을 향한 집중력

카페에서 직원이 바뀌면 종종 손님들은 커피의 맛이 달라졌다고 느낄 수 있다. 손님이 기대했던 똑같은 맛을 내기는 생각보다 어렵고, 어쩌면 이 재현성은 단순히 맛의 일관성을 넘어서 소비자의 신뢰감에도 영향을 주는 핵심 요소라고 생각한다. 스타벅스와 같은 글로벌 체인은 전 세계 어디서나 일관된 맛의 커피를 제공하는 것으로 유명하다. 이러한 일관성은 소비자가 스타벅스에 대해 갖는 인식을 형성하는 데 큰 역할을 하며, 많은 이들이 브랜드에 대한 신뢰와 만족을 느끼게 한다.

커피를 마실 때, 소비자가 진정으로 원하는 것은 맛의 즐거움이며, 이는 향의 역할이 크다. 커피를 마실 때 혀로 느끼는 것은 주로 쓴맛과 신맛이고, 다양한 풍미는 커피를 마실 때 목뒤에서 휘발하여 올라온 아주 작은 향에 의한 것이다. 커피의 향은 고온에서 로스팅하는 과정에서 순식간에 생성되므로 제어가 쉽지 않다. 한 번 원하는 향미의 커피를 만들었다고 해도, 다음에 만들 때 자동으로 똑같이 재현되지는 않는다. 항상 변덕을 부리기 쉽다. 하지만 이런 사정은 커피를 만드는 사람의 몫이고, 소비자에게는 항상 똑같은 최고 품질의 맛과 향이 제공되어야 한다.

재현성이 확보되어야만 개선 방향도 설정할 수 있으며, 그때그때 달라지는 품질로는 개선의 방향을 설정하기 어렵다. 맛을 좌우하는 많은 변수를 잘 파악하고 적절하게 조절하여 조화롭게 만드는 것은 중요하다. 결국, 정성이란 바로 그런 맛의 최적점에 대한 집중력을 말한다. 많은 상반된 요소들 사이에서 최적점을 찾는 노력이 중요하며, 그러한 노력 못지않게 발견된 최적점을 지속적으로 재현할 수 있는 능력이 필요하다. 여러 환경의 변화에 민감하게 반응하고 적절하게 대응하는 것은 기계적으로 똑같이 하더라도 같은 품질이 나오지 않기 때문이다. 과학적인 이해와 방향성에 대한 통찰이 있어야만 적절한 미세 조정이 가능하다.

커피 한 잔의 재료는 단순할지 모르지만, 그 맛을 좌우하는 요소는 결코 단순하지 않다. 커피는 일정한 품질을 유지하기가 매우 까다로운 식품이다. 가열을 통해 일정한 향을 생성하는 과정은 복잡하며, 커피의 향미를 구성하는 성분은 서로 조화를 이루어야만 최적의 맛을 낼 수 있다. 조금만 변화해도 느낌이 달라지고, 그날의 온도와 습도, 심지어 추출하는 물의 미네랄 조성만 달라져도 향미가 크게 변할 수 있다. 이 모든 것을 고려할 때, 재현성을 유지하는 것은 정말 어렵지만 필수적이다.

커피의 98% 이상이 물이다

홈카페를 즐기는 많은 분이 같은 원두를 사용하면서도 카페에서 맛보는 커피와 같은 맛을 내지 못해 고민한다. 카페가 잘되어 체인을 늘린 경우에도 같은 기계 같은 원두를 써도 지역에 따라 맛이 달라 고민하기도 한다. 이런 경우, 자주 제기되는 질문 중 하나는 사용하는 물의 수질이다.

물의 성분이 달라지면 물의 맛이 약간 바뀌고, 추출의 정도를 상당히 바꾸고, 커피 맛은 뚜렷하게 달라질 수 있다. 블랙 커피 한 잔은 약 98% 이상이 물로 구성되어 있으며, 에스프레소마저 90% 이상이 물이다. 그러니 물은 항상 깨끗하고 염소와 같은 오염 물질이 없이 잘 관리되어야 한다. 그리고 커피 추출에 적합해야 한다.

커피를 즐기려면 원두 속의 향미 성분을 물에 잘 녹여내야 한다. 물은 커피의 마지막 재료이자, 가장 많은 부분을 차지하는 성분이다. 분쇄된 커피에서 원하는 향미 성분만 최대한 녹여내야 하고, 이때 물의 조성이 영향을 주기 때문에 커피 전문가는 수질과 정수 장치에 많은 신경을 쓴다. 커피에서 물은 98% 이상을 차지하는 추출의 용매이자 맛의 바탕인 것이다. 또한 수질은 기계의 수명에도 많은 영향을 준다. 부적절한 물은 부식이나 스케일(Scale)을 형성한다. 그렇다고 무작정 미네랄 함량을 낮추면 추출이 잘된다. 물의 특성이 추출량, 추출 시간, 거품 등에도 영향을 주고, 커피의 향미가 완전히 달라지게도 한다. 원두의 조건에 따라, 어떤 물을 쓰느냐에 따라서 커피의 향미가 강조되거나 평범해질 수 있다. 그러니 물의 조성이 어떻게 커피의 향미에 영향을 주는지를 알아야 한다.

물의 경도와 알칼리도는 어떤 의미일까?

우리나라 물은 주로 연수이다. 음용수로 마시기 좋은 물인데 커피의 추출에도 무난하다. 최근 경도를 좌우하는 칼슘과 마그네슘이 커피 추출에 좋다는 보고가 많아 이들 성분이 많은 물을 이용한 추출을 해 보는 시도가 늘고 있다. 사실 어느 정도의 수질까지는 추출 조건, 로스팅 정도의 변화시키는 방법 등으로 대응할 수 있다. 진짜로 힘들게 하는 것은 급격한 수질의 변화이다. 갈수기에는 점점 경도가 높아지다가 갑자기 장마처럼 많은 비가 오면 경도가 확 낮아져 추출이 변하는 것이다. 그리고 커피 체인점이라면 체인마다 같은 맛이 나야 하는데, 지역에 따라 수질이 다르므로 아무리 나머지 조건을 같이 해도 맛의 차이가 나는 어려움이 있다.

'경수'는 물이 땅을 통과하면서 녹아든 상당한 양의 칼슘과 마그네슘과 같은 용해된 미네랄을 함유한 물이다. 반대로 '연수'에는 이러한 미네랄이 적다. 우리나라 물은 대부분 연수에 해당하고 경수의 관리는 유럽의 수돗물에서 중요하다. 용해된 석회석 등에서 유래한 탄산칼슘은 pH가 높아지거나 온도가 높아지면 용해도가 떨어진다. 일반적인 식품 성분과 정반대로 작용하는 것이다. 뜨거운 액체일수록 침전이 잘 발생하여 주전자나 커피 머신에서 볼 수 있는 석회 스케일을 형성한다.

이들 성분이 적은 깨끗한 연수를 사용하면 이런 문제가 없다. 그러나 증류수나 순수한 물은 커피 추출에 좋지 않은 선택이다. 커피 추출이 나빠져 맛이 좋지 않은 커피를 만들기 쉽다. 생수병 라벨을 보면 포함된 미네랄 목록을 볼 수 있다. 여기에서 커피 추출과 관련된 것이 칼슘과 마그네슘 두 가지이다. 이들이 적당량 있는 물이 커피 성분이 더 많이 추출되어 좋지만, 그렇다고 해서 더 많은 것이 항상 더 좋다는 의미는 아니다. 과도하게 추출하면 맛이 불균형하고 신맛이 강한 컵이 될 수 있다.

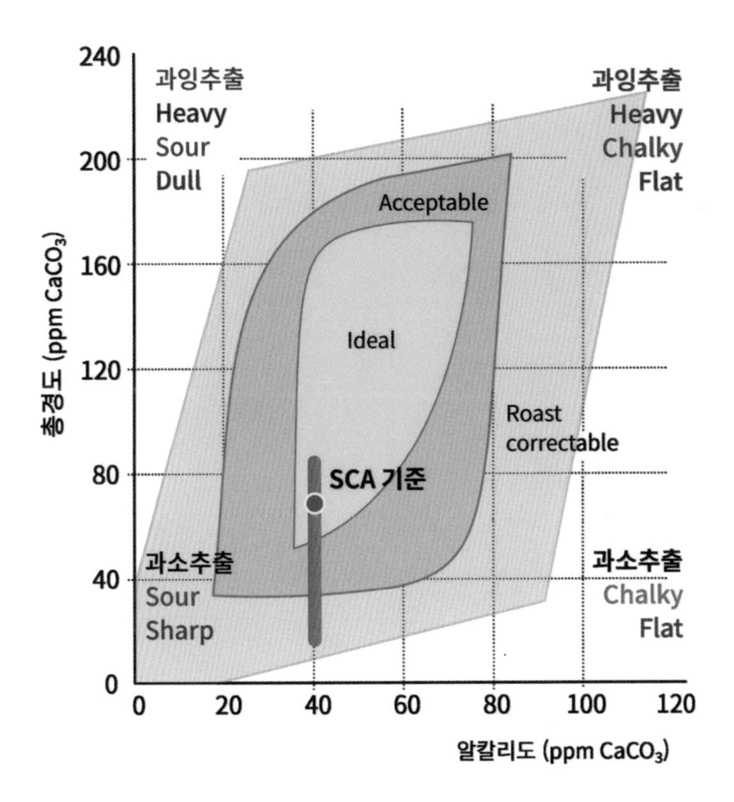

칼슘과 마그네슘은 추출에 다르게 작용한다. 마그네슘 함량이 높은 물은 칼슘에 비해 더 산성이고 맛 프로필이 다른 경우가 많다. 보통 칼슘이 많지, 마그네슘 수치가 높은 물은 적다. 높은 칼슘 수치는 세계 여러 지역에서 흔히 볼 수 있지만 우리나라에는 적다. 칼슘은 일반적인 식품 성분과 달리 알칼리 조건과 고온에서 용해도가 떨어진다. 그러니 뜨거운 보일러관 등에서 스케일을 형성하기 쉬운 것이다. 반면 마그네슘은 주로 수화물의 상태이고 석회질을 형성하지 않는다.

칼슘과 마그네슘의 이상적인 수준을 찾으려면 기계에 문제가 없고 커피 맛도 좋은 골디락스 존을 알아야 하는데 다행스럽게도 그 범위는 꽤 넓은 편이다.

물의 경도를 달리하여 추출하고 싶다면

이산화탄소가 물에 녹아든 중탄산염 이온은 완충제 역할을 한다. 알칼리도가 너무 낮으면 커피의 신맛과 쓴맛이 날 수 있다. 너무 많이 마시면 커피가 밋밋해진다. 미네랄 함량이 높을수록 추출이 잘되고, 알칼리도가 높을수록 추출이 많아지면 불쾌할 정도로 신맛이 나거나 산성이 되는 것을 방지할 수 있다.

물에 따라 커피 맛이 달라지는 것을 실험하려면 삼다수처럼 미네랄 함량이 낮은 물과 가능한 가장 미네랄 함량이 높은 물을 구하여 실험해 보고, 2가지 물을 적정 비율로 섞어서 써 보는 방법 정도가 무난할 것이다. 이보다 훨씬 높은 미네랄 농도에서 실험하려면 염화칼슘이나 염화마그네슘 같은 원료를 구해서 소량 첨가해야 한다.

6.

원두 보관, 커피의 신선함은 무엇일까?

로스팅한 커피에서 신선함은 무엇일까?

커피의 품질에 대한 명확한 기준이 없어서 종종 오해가 일어나기도 한다. 지인이 나에게 "○○에서 정말 신선한 커피를 구입했는데 왜 맛이 없는지 이해할 수 없다"라면서 하소연했다. 처음에는 무슨 말인지 몰랐는데 자세히 듣고 보니 로스팅의 시간과 신선함 그리고 품질에 대한 오해였다. 지인은 홈쇼핑에서 구입한 원두를 분쇄하여 추출하니 커피를 추출할 때 나타나는 '커피 불림', 즉 물에 젖어 부풀어 오르는 현상을 바탕으로 이것은 매우 신선한 커피라고 판단했고, 커피가 신선하니 당연히 맛있어야 한다고 판단한 것이다.

로스팅한 지 얼마 되지 않는 원두는 당연히 가스가 덜 빠져나가 추출할 때 커피가 잘 부풀지만, 그것이 커피가 신선하다는 충분한 증거는 아니고 맛있다는 커피는 더욱 아니다. 실제로 커피의 품질과 맛은 로스팅 후 보관 방식, 운송 과정, 보관 기간 등에 크게 영향을 받으며, 이 모든 요소가 결합하여 최종적으로 커피의 맛을 결정된다. 하지만 초보자에게는 추출할 때 거품이 잘 나면 신선한 커피이고, 신선한 커피가 맛있는 커피라는 설명만큼 쉬운 설명도 없다.

커피는 원래 커피 체리의 단단한 속씨에서 나온 것이며, 잘 건조된 생두는 다른 농산물에 비해 상대적으로 천천히 변화한다. 몇 년이 지나도 사용할 수 있지만, 품질이 서서히 열화될 수 있다. 생두에는 시간이 지난다고 맛있는 성분이 추가로 생기지 않기 때문에 빠르게 사용하는 것이 좋다.

스페셜티 커피의 특징은 향미에 있다. 좋은 원두라도 원두는 로스팅 후 시간이 지나면서 점차 초기의 향미를 잃어 간다. 음료의 맛은 점차 밋밋해지고 특색도 사라진다. 이 손실은 향기 물질의 휘발성 등의 특성뿐 아니라, 커피의 세포 구조에 갇혀 있는 방식과도 관련이 있다. 향기 물질이 외부로 증발하기 위해서는 먼저 세포벽을 통과해야 한다. 세포벽, 다당류, 지방, 멜라노이딘이 향기 물질의 방출을 억제할 수 있다. 그러니 분쇄하지 않은 원두가 분쇄된 커피는 향이 훨씬 오래가고 산소와의 접촉으로 인한 산화가 덜 일어난다. 아주 잘게 분쇄된 커피는 불과 몇 시간 만에 한 달 이상 보관한 원두보다 향미가 떨어질 수 있다.

- 휘발성 물질의 손실: 휘발성의 향기 물질은 시간이 지남에 따라 상당한 양이 원두나 커피 가루에서 빠져나와 대기 중으로 배출되는 경우가 많다. 적절한 포장으로 속도를 늦출 수는 있지만 완전히 막을 수는 없다.
- 새로운/나쁜 맛의 발달: 향기 물질 중에는 시간이 지남에 따라 서로 반응하여 새로운 화합물을 형성하는 것이 있다. 이 경우 어느 시점까지는 더 좋아지기도 하지만 최종적으로는 나빠진다.
- 산패: 식품에서 보관 중에 가장 일반적인 품질 열화 요인이 산패이다. 커피에도 상당량의 지질이 포함되어 있어 산패되기 쉽다. 강한 로스팅에는 더 많은 오일이 커피 원두 표면으로 밀려나므로 존재하

는 공기나 습기와 상호 작용할 가능성이 높아서 산패취가 더 빨리 생긴다.

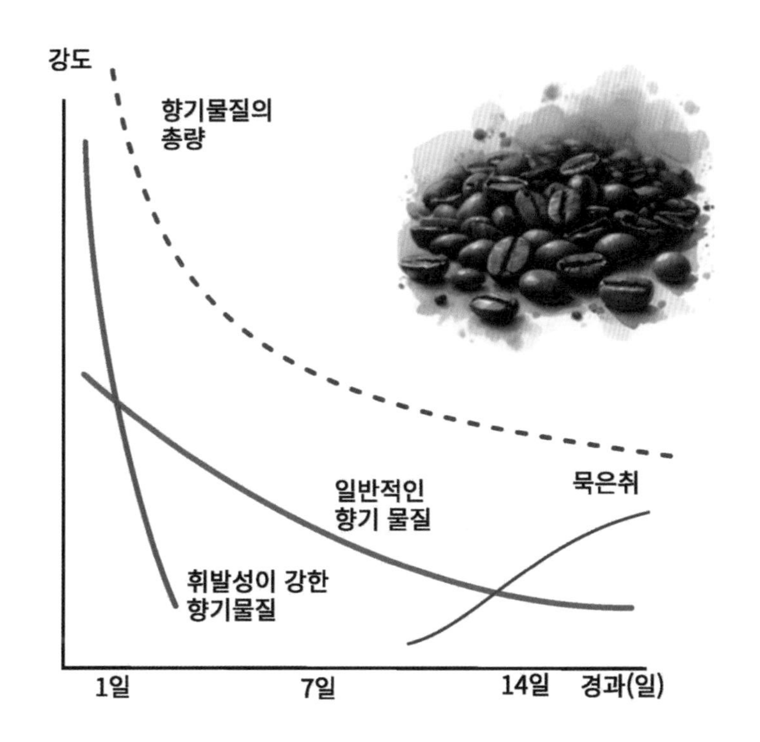

그래도 커피 향이 오래 유지되는 이유

커피의 산패는 온도가 높을수록, 산소의 접촉이 쉬워질수록 빨라진다. 어떤 사람들은 이처럼 커피 향이 변하는 것에 아쉬움을 느끼겠지만 그래도 로스팅으로 만들어지는 향 중에서는 가장 오래가는 편이다. 커피를 분쇄하고 나면 산화 반응이 매우 빠르게 진행된다. 시간에 따라 변해 가는 커피의 향미를 대부분 사람이 느낄 것이다. 그러니 커피는 분쇄된 상태가 아니라 로스팅된 원두의 상태로 구입할 필요가 있다.

커피를 직접 분쇄하면 향이 훌륭하고, 그 순간들이 더 즐거워질 것이다. 스스로 분쇄하는 것은 품종, 추출, 개인 취향에 따라 분쇄 크기를 조정하여 커피를 최대한 즐길 수 있다는 것을 의미한다. 유일한 단점은 약간의 수고를 더 해야 한다는 것과 커피 그라인더를 구입하는 데 비용도 있다는 정도지만 그라인더는 가장 의미 있는 투자라고 할 수 있다.

그런데 갓 볶은 커피보다는 약간의 시간이 지난 커피가 더 균형이 있고 맛있는 커피로 느껴지는 경우가 있다. 로스팅한 지 1주일 정도가 지난 커피가 오히려 더 균형 있고 맛있는 경험을 할 수 있다. 이 기간은 원두에 따라 다르고 개인의 취향에 따라 달라서, 갓 볶은 커피를 여러 시점에서 비교하면서 시음해 보아 본인의 취향을 파악할 필요가 있다.

커피의 세포 안에 갇혀 있는 이산화탄소는 산소의 침입을 막아 향미를 보존하는 역할을 하지만 추출에는 어려움을 만든다. 그래서 추출할 때는 뜸 들이기로 막힌 통로를 녹여내고 이산화탄소를 배출시킨다. 생두를 로스팅한 후 바로 추출하는 것보다 일정 시간 지나서 하면 더 맛이 좋을 수 있는 것이 가스가 적당히 빠져나가고 향기 물질의 일부가 숙성되었기 때문이다.

오랫동안 맛을 지키는 원두 보관 방법

커피의 향은 가열로 만들어진 향치고는 오래가는 편이지만 그래도 최대한 원래의 풍미를 유지하기 위해서는 보관에 신경을 써야 한다. 대부분 식품은 냉암소에 보관하는 것이 기본이다. 커피도 어둡고 건조하고 밀폐된 곳에 보관하는 것이 좋다. 원두 안의 이산화탄소를 최대한 유지하면 산소가 침투하지 못하여 산화를 억제되고 향미가 유지된다. 이 정도의 조치면 1~2달 정도면 굳이 냉장고에 넣지 않고 보관해도 신선도를 유지할 수 있다.

냉동실은 커피를 장기간 보관하기에 좋다. 완벽하게 밀봉되어 이상적으로는 패키지에 공기가 최소화된 커피는 냉동실에 몇 달 동안 보관된다. 커피를 냉동실에 넣었다가 꺼내는 것은 결로가 발생하여 좋지 않지만 어떤 사람들은 냉동실에 1회 분량만 보관하고 그날 한 잔에 필요한 만큼만 꺼내는 것을 좋아한다. 하지만 이 방법은 상당한 노력과 포장 준비가 필요하다. 이보다는 1~2달 사용 분량만큼의 원두를 구매하여 사용하는 것이 편리할 것이다.

7.

카페 메뉴를 만들어 보기

커피의 기본메뉴는 어떻게 만들까

메뉴 1

아이스 아메리카노

아이스 아메리카노는 연중 내내 인기 있는 음료이며, 특히 여름에 더위를 식히기에 완벽한 선택이다. 많은 사람이 단순히 커피를 추출한 후 얼음물을 추가하는 방식으로 만들지만, 더욱 맛있는 아이스 아메리카노를 만드는 데는 더 세심한 접근이 필요하다.

재료

원두 20g

얼음 13~15개

물 200㎖

순서

- 20g의 원두를 그라인딩한다.
- 드립서버에 얼음 4~5개를 넣는다.
- 분쇄된 원두를 드리퍼에 넣고 뜨거운 물 40㎖를 부어 뜸 들이기 한다.
- 30초 후 뜨거운 물 100㎖를 부어 1차 추출을 한다.
- 30초 후 뜨거운 물 60㎖를 부어 2차 추출을 한다.
- 뜸 들이기를 포함한 모든 추출과정이 2분 30초를 넘기지 않도록 주의한다.
- 잔에 얼음 8~10개를 넣은 후 추출한 커피를 붓는다.

메뉴 2

카페 라테

카페 라테는 아메리카노에 우유를 첨가하여 만든 부드러운 음료로, 집에서도 간편하게 만들 수 있는 카페의 기본 메뉴이다. 이탈리아어로 '우유'를 의미하는 라테는 우유의 비중과 커피의 농도가 매우 중요하다. 적절한 원두 선택과 우유와의 조화는 품질 높은 라테를 만드는 데 결정적인 역할을 한다.

재료

원두 20g

우유 150㎖

순서

- 원두 20g을 그라인딩한다.
- 분쇄된 원두를 드리퍼에 넣고 뜨거운 물 40㎖를 부어 뜸들이기 과정을 거친다.
- 30초 후 뜨거운 물 100㎖를 부어 1차 추출을 한다.
- 30초 후 뜨거운 물 60㎖를 부어 2차 추출을 한다.(추출과정이 2분 30초를 넘기지 않도록 주의한다)
- 스팀기에 우유를 넣고 약 60°C에서 거품이 잘 나도록 스팀한다.
- 예열된 잔에 커피를 부은 후 중앙부터 우유를 천천히 부어 준다.

스팀 우유를 활용할 수 있으면 다양한 소스를 활용하여 바닐라 라테, 캐러멜 라테, 카푸치노 등의 변형된 메뉴를 만들어 볼 수 있다.

메뉴 3

딸기 라테

딸기는 비타민C가 풍부해 면역력 강화에 도움을 줄 뿐만 아니라, 딸기의 붉은색과 우유의 흰색이 어우러져 만들어지는 아름다운 색감은 보기만 해도 기분을 좋게 한다. 여기에 달달한 생크림을 곁들이면 또 다른 깊은 풍미를 즐길 수 있다.

재료

얼음 6~8개

우유 180㎖

딸기청 80㎖(생딸기 40g과 백설탕 40g을 믹서에 갈아 준다)

딸기 다이스 한 스푼 또는 생딸기

순서

- 잔에 얼음 6~8개를 넣는다.
- 우유 180㎖를 붓는다.
- 딸기청 80㎖를 붓는다.
- 딸기 다이스 한 스푼 또는 생딸기 조각을 올려 준다.

메뉴 4

비엔나커피

비엔나커피는 그 우아함과 진한 맛으로 잘 알려져 있지만, 집에서도 생각보다 간단하게 만들 수 있는 음료다. 동물성 휘핑크림과 연유를 조합해 달콤하고 부드러운 맛을 즐길 수 있으며, 이 고급스러운 음료를 손쉽게 경험할 수 있다.

재료

원두 20g

물 240㎖

동물성 휘핑크림 60㎖

연유 20㎖

시나몬 파우더 또는 초콜릿 파우더

순서

- 원두 20g을 커피 머신이나 프렌치프레스를 사용해 200㎖의 물로 진하게 추출한다. (추출과정이 2분 30초를 넘기지 않도록 주의한다)
- 휘핑크림 60㎖에 연유 20㎖를 휘핑기에 넣어 너무 묽거나 단단하지 않은 상태로 생크림을 만든다.
- 예열된 잔에 커피를 부은 후 생크림을 올려 준다.
- 취향에 따라 약간의 시나몬 파우더나 초콜릿 파우더를 뿌려서 마무리한다.

메뉴 5

패션푸르츠 에이드

패션푸르츠 에이드는 상큼하고 달콤한 맛 덕분에 특히 더운 날씨에 시원하게 즐기기 좋은 음료이다. 패션푸르츠청을 직접 만들어 사용하거나, 시중에서 구입한 청을 활용해 집에서 손쉽게 만들 수 있다.

재료

패션푸르츠청 70㎖

탄산수 200㎖

얼음 7~8개(취향에 따라 가감하면 된다)

애플민트

순서

- 잔에 패션푸르츠청 70㎖를 붓는다.
- 탄산수 100㎖를 붓고 잘 섞어 준다.
- 섞인 잔에 얼음 7~8개를 넣는다.
- 남은 탄산수 100㎖를 부어 주고 애플민트를 올려서 장식한다.

메뉴 6

커피 밀크셰이크

커피 밀크셰이크는 카페의 인기 있는 메뉴 중 하나로 사계절 내내 즐길 수 있으며, 만드는 방법도 매우 간단하다. 한번 만들어 보면 다른 셰이크를 만들 때도 다양한 응용이 가능하다.

재료

원두 20g

우유 120㎖

얼음 7~9개

바닐라시럽 20㎖ 또는 백설탕 20g

바닐라 아이스크림 2스쿱

순서

- 20g의 원두를 그라인딩한다.
- 드립서버에 얼음 4~5개를 넣는다.
- 분쇄된 원두를 드리퍼에 넣고 뜨거운 물 40㎖를 부어 뜸 들이기 한다.
- 30초 후 뜨거운 물 100㎖를 부어 1차 추출한다.
- 30초 후 뜨거운 물 60㎖를 부어 2차 추출한다.
- 뜸 들이기를 포함한 모든 추출과정이 2분 30초를 넘기지 않도록 주의한다.
- 블렌더에 추출한 커피, 우유 120㎖, 바닐라시럽 20㎖, 얼음 7~9개를 넣고 블렌딩한다. (대략 30초~1분 정도면 충분하다)
- 잔에 옮겨 담고 아이스크림 2스쿱을 올린다.

커피와 디저트의 페어링

페어링이라는 용어는 원래 화이트 와인에는 생선류, 레드 와인에는 육류를 곁들여 먹는 것처럼 음료에 어울리는 음식을 선정할 때 사용되었으나, 최근에는 와인을 넘어 다양한 식음료와 조합을 이루는 음식으로 그 의미가 확장되었다. 그렇다면 커피에는 어떤 페어링이 있을까? 요즘 카페의 특징 중 하나는 단순히 커피만 판매하지 않는다는 점이다. 전문 파티셰를 두고 디저트에 심혈을 기울이는 카페들이 성공을 거두고 있기 때문이다. 커피에 어울리는 디저트와의 페어링은 커피의 즐거움을 한층 더 높일 수 있으며, 서로의 맛을 돋우며 완벽한 조화를 이룬다.

1. 에스프레소와 다크 초콜릿: 에스프레소의 진한 풍미와 다크 초콜릿의 쓴맛이 서로 어우러져 깊고 풍성한 맛을 낼 수 있다.
2. 아메리카노와 치즈케이크: 아메리카노의 깔끔한 맛이 치즈케이크의 부드러움과 달콤함을 중화하여 조화로운 조합을 만들어 낸다.
3. 라테와 베이컨 메이플 도넛: 라테의 부드럽고 크리미한 맛이 베이컨 메이플 도넛의 짭짤하고 달콤한 맛을 조화롭게 만들어 준다.
4. 콜드 브루와 프루티 티라미수: 콜드 브루의 시원하고 가벼운 특성이

프루티 티라미수의 상큼함을 부각시켜 색다른 맛을 선사한다.

5. 플랫 화이트와 애플 크러스트 파이: 플랫 화이트의 부드러운 에스프레소와 애플 크러스트 파이의 과일 향이 어우러져 가을 느낌의 조화로운 조합을 만들어 낸다.
6. 쇼트 블랙과 레몬 타르트: 쇼트 블랙의 강한 향과 레몬 타르트의 상큼함이 만나 톡 쏘는 듯한 화끈한 맛을 선사한다. 두 맛의 대조가 독특한 조화를 이룬다.
7. 카푸치노와 크림 브륄레: 카푸치노의 에스프레소와 우유 거품이 크림 브륄레의 달콤하고 부드러운 크림과 어우러져 환상적인 디저트 경험을 제공한다.

Epilog

바닐라 라테 주세요

대중적인 맛, 친숙한 맛.

사람들은 결국 익숙한 맛을 찾게 되어 있다.

커피의 세계는 무궁무진하다. 에스프레소부터 시작해 카푸치노, 아메리카노, 카페 라테 등 수많은 종류의 커피들이 존재한다. 이러한 다양한 선택지 속에서 사람들은 끊임없이 새로운 맛을 탐구하며 각자의 취향을 찾아 나선다. 그러다 결국 가장 익숙하고 보편적인 맛으로 돌아오곤 한다. 마치 바닐라 라테처럼 말이다.

바닐라 라테는 복잡하지 않다. 에스프레소의 진한 풍미와 따뜻한 우유의 부드러움, 그리고 바닐라 시럽의 달콤함이 조화를 이루어 누구에게나 친숙하고 편안한 맛을 제공한다. 이 단순한 조합이 어떤 사람에게는 커피의 시작이자 끝이 되기도 한다. 어떤 날은 화려한 맛의 특별한 커피를 찾지만, 매일 반복되는 일상에서는 바닐라 라테를 즐기는 것이다.

그렇다면 왜 바닐라 라테인가? 이는 바닐라 라테에 첨가되는 '바닐라 시럽'이 가져다주는 편안함 때문일 것이다. 복잡하고 다양한 선택지 속에서 익숙한 맛은 우리에게 안정감을 가져다준다. 검증된 맛, 경험했던 맛은 선택하기 쉬울뿐더러 자주 손이 가게 되어 있다. 인간은 보편적으로 태어나자마자 모유(母乳)를 먹고 자란다. 우리의 뇌는 그 맛을 기억하고 따라가게 된다. 바닐라 향을 베이스로 한 아이스크림, 과자 등의 식료품이 꾸준히 인기 있는 이유는 '바닐라 맛'이 모든 사람의 유전자에 각인된 익숙한 것이기 때문이다. 익숙함은 그 자체로 우리에게 안정감을 준다.

또한 바닐라 라테는 단순한 조합이지만, 그 안에 담긴 풍미가 깊고 풍부하다. 이는 우리 삶에 그대로 적용할 수 있다. 화려함이 주는 만족도 있지만 결국 우리의 일상은 작은 것들에서 진정한 행복을 찾게 된다. 평범한 하루의 소소한 순간들이 우리에게 큰 의미를 주는 것처럼 바닐라 라테는 작은 행복의 상징일지도 모른다.